오늘도 육퇴 후

고민하는 당신에게

오늘도 육퇴 후 고민하는 당신에게

지은이 강효정(예쁜아기곰)
발 행 2022년 10월 28일

펴낸이 한건희
펴낸곳 (주)부크크
등 록 2014.07.15.(제2014-16호)
주 소 서울특별시 금천구 가산디지털1로 119 SK트윈타워 A동 305호
전 화 1670-8316
이메일 info@bookk.co.kr

ISBN 979-11-372-9947-4

www.bookk.co.kr

오늘도 육퇴 후
고민하는 당신에게

강효정(예쁜아기곰) 지음

BOOKK

차례

9. 그런 마음이었구나 179

일러두기
1. 영어 그림책 제목은 겹낫표(『』)로 표기했습니다.
2. 영어 그림책에 나오는 원문 내용은 메이플스토리 서체로 작성했습니다.

들어가기에
앞서

책의 전체 내용에 20년의 현장 경험과 노하우를 진솔하게 담았습니다. 엄마와 아이가 함께 행복할 수 있는 영어교육 비법을 말씀드립니다. 많은 아이들과 부모님을 만나면서 영어교육에 대한 고민이 비슷하다는 것을 알게 되었습니다.

어렸을 때 영어를 어떻게 시작해야 할지, 영어 그림책을 어떻게 접해줘야 할지, 잘 키우고 싶은 부모 마음은 다 같지 않을까요? 이 책은 엄마(부모)가 된 당신에게 길잡이가 될 것입니다.

영어 그림책으로 시작하기에 앞서 엄마로서 갖추어야 할 마음가짐부터 영어교육에서 알고 시작해야 할 기본 지식과 전략까지 쉽게 설명했습니다. 짧은 글로 설명하기에 부족할 수 있지만, 아이를 키우는 엄마라면 진심은 통한다고 생각합니다. 혹시라도 이해가 가지 않는 부분은 반복해서 읽어보세요. 마음에 새기고, 무엇보다 흔들리지 않고 실천하는 것이 중요합니다.

9가지 테마에 따라 엄마와 아이가 함께 힐링할 수 있는 영어 그림책을 소개하고 활용법을 제시합니다. 영어 그림책 중에서, 이 책만큼은 꼭 놓치지 말고 읽었으면 하는 추천 도서입니다. 선정된 도서는 수상작으로 엄선된 책, 수업에서 인기가 많고 아이들의 반응이 좋은 책, 유명 작가들의 베스트셀러입니다. 예쁜아기곰 tip은 엄마와 아이가 그림책에 좀 더 쉽게 접근할 수 있고, 흥미를 느낄 수 있도록 하는 실제 활용 팁으로 자주 하는 질문을 바탕으로 작성했습니다. 꼭 해당 책에만 진행하는 활동이 아니라, 보편적으로 적용할 수 있는 활용 팁이 많으니 해보시기 바랍니다.

다시 오지 않을 황금 같은 시간, 소중한 우리 아이와 함께 행복하시길 진심으로 바랍니다.

저자 강효정

제 1 장

엄마도 아이도 행복한

영어교육 비법

'엄마'라는 이름의 선물

이 세상의 모든 엄마라면 한 번쯤은 느껴본 감정이 있습니다. 처음으로 아기의 심장 소리를 듣고 설레었던 마음, 기형아 검사를 하면서 제발 건강하게만 태어났으면 하는 바람들이지요. 그런 마음도 잠시, 머지않아 '배 속에 있을 때가 편하다'라는 육아 선배들의 말이 실감이 나기 시작합니다. 매일 같은 하루는 반복되고, 잠은 부족하지요. 집안일은 또 왜 이리 많은지 치워도 치워도 끝도 없고 티도 안 나요. 예기치 못하게 아이가 아프기라도 하면 비상이 걸리고 또르르 눈물이 나기도 해요. 서툴기만 했던 육아가 조금씩 익숙해지면서, 마음속에 물음표가 생기기 시작합니다. '잘하고 있는 건가? 지금 이대로 괜찮은 건가?' 엄마라는 길을 처음 가는 우리는 괜히 오만가지 생각과 불안한 마음이 들어요. 마음 한곳에서 계속 외쳐대는 한 마디는 바로 '세상에 하나뿐인 내 새끼, 잘 키우고 싶다'이지요. 아이가 커가면서 이것도 잘하면 좋겠고, 저것도 잘하면 좋겠고, 그러기 위해서는 이것도 해줘야 할 것 같고, 저것도 해줘야 할 것 같고 끝없는 욕심이 생기기 시작해요. 이때, 욕심이 앞서면 육아는 점점 힘들어지고 지쳐만 가지요.

그중, 뜨거운 감자는 바로 영어입니다. 어차피 해야 할 영어라면 좀 더 즐겁게 할 수는 없을까요? 아이의 영어는 물론이고 엄마도 육아가 힐링이 되는 마법 같은 시간! 영어 그림책이라면 가능하다고 자신 있게 말씀드릴 수 있습니다.

#불안해하지마 #누구나처음이야 #영어그림책으로시작해볼래?

I. 마음의 준비

하루에
가장 많이 듣는 말?

결혼을 하고 아이를 낳고, 많은 것이 달라졌습니다. 단순히 생활 환경이 달라졌다는 뜻이 아닙니다. 대학 때 해본 아르바이트는 영어 과외와 학원 강사이고, 조기 영어 교육 대학원을 다니면서도 영어유치원, 중고등 입시, 심지어 대학 강의까지 기회가 닿는 대로 티칭을 해왔습니다. 그때는 앞만 보고 달려갈 때라, 그냥 아이들이 좋았고 가르치는 일이 직업이기 때문에 벌어지는 모든 일들이 당연하다고 생각했습니다. 하지만 엄마가 되고, 아이가 생기고 나니 당연하게만 느껴졌던 것들에 대한 혼란이 찾아왔어요. '어라, 애들은 당연히 영어를 좋아하는 거 아니었어?', '선생님께는 때도 안 쓰고 천사 같던 아이가 엄마한테는 왜 이렇게 생떼이지?', '수업에서 야무졌던 그 아이는 도대체 집에서 무엇을 어떻게 한 걸까?' 아이를 키우면서 여러 가지 생각이 끊임없이 맴돌았습니다. 바른 아이고 키우고 싶다는 마음과 함께 영어에 스트레스받지 않고, 재미있게 배울 수 있도록 해 주고 싶었어요. 세상에 하나뿐인, 내 새끼! 하루에도 수백 번 듣는 소리 엄마, 우리 아이에게 내가 엄마로서 할 수 있는 최선을 다해보기로 했습니다. 엄마라서 행복한 시간은 다시 돌아오지 않습니다. 아이들은 쑥쑥 자라고, 세월이 무색할 만큼 빨리 지나가거든요.

#넌소중하니까 #엄마라는이름으로 #행복을느껴

아이들은
정말 다르다

이런 날이 올 줄 생각지도 못했지만, 아가씨 선생님이 아닌 엄마 선생님이 되었어요. 수업을 대하는 마음가짐이나 아이들을 바라보는 시선이 달라졌고, 상담할 때도 부모 입장에서 생각하는 부분이 많아졌습니다. 스스로가 성장하고 있음을 느꼈다고나 할까요. 수업하다 보면 아이들이 개인마다 정말 다르다는 걸 실감합니다. 영어를 받아들이는 태도부터 생각과 표현까지 아이들의 마음을 연구하고 싶어질 정도이지요. 왜 아이들을 백지 같은 순수한 영혼이라고 하는지 알 것 같아요. 이미 세상을 알아버린 어른들과는 다른 모습이거든요. '이런 말을 해도 될까?' '정답이 아니면 어떻게 하지?' 망설이지 않아요. 육아에 고군분투하며 이 책을 읽고 계시는 여러분이 순수한 아이들과 더없이 행복한 시간을 보내기를 진심으로 바라는 마음입니다.

#아이들의세계 #그냥흡수하는스펀지 #누구하나같지않다

엄마라서
행복한 시간

유치원, 어린이집 같은 기관 수업은 일대일이 아닌 단체 수업이기 때문에 한 명씩 자기 생각을 발표하는 것은 쉽지 않습니다. 하나의 이야기가 꼬리에 꼬리를 물고, 또 다른 주제로 넘어가기도 하지요. 한 명씩 이야기하다 보면, 서로 자기 경험을 말하고 싶어 종알종알 난리가 나요. 5세~7세는 자기애가 강한, 세상의 중심이 '나'인 시기니까요. 그런 모습이 너무 사랑스럽고 한 명씩 이야기를 들어주고 싶고, 어떤 말들을 쏟아낼지 궁금해요. 하지만, 어느 정도 선에서 마무리를 하고 입에 지퍼 잠그는 손동작을 하며 'Zip!'이라고 말하면서 다음 수업을 이어 나가는 것이 교실 수업의 현실이에요.

아이들은 그런 부분을 어디서 충족하고, 해소할 수 있을까요? 엄마라서 행복한 시간을 어떻게 보내야 하는지 조금은 감이 오시나요? 여러분은 그 누구도 대체할 수 없는 존재, 바로 엄마랍니다. 우리 아이의 이야기를 들어주고 공감해 주고, 함께 대화를 나누면서 생각을 자라게 해줄 수 있는 유일한 존재예요. '오늘 유치원 재미있었어? 점심 뭐 먹었어? 친구랑 사이좋게 지냈어?' 이런 기본적인 대화 이외에, 아이의 경험을 바탕으로 생각을 끌어내고 이야기 나눌 수 있는 시간을 만들어 주세요. 무슨 대화를 나눠야 할지 막막하고 어렵게만 느껴지시나요? 우리에게는 영어 그림책이 있습니다. 진정으로 아이의 영어교육을 잘하고 싶고, 잘 키우고 싶다면 유아 시기를 놓치지 마시고 영어 그림책 매개체를 활용하세요. 하루에도 열두 번씩 나를 들었다 놨다 하는 우리 아이, 육아의 행로에 따뜻한 위로와 힐링이 함께 시작될 거예요.

#너와의시간 #엄마의특권 #진심으로고마워

본격적인
영어 그림책 힐링 육아

많은 엄마들이 '어, 이제 뭔가 본격적으로 해줘야 할 것 같아.'라고 영어교육에 관심을 보이고, 유아교육전이나 베이비페어에서 상담받고, 사교육을 생각하는 시기는 언제일까요? 대부분 아이가 말문이 터져서 종알종알 따라 하기 시작할 때예요. 보통 36개월 이후, 언어를 스펀지처럼 흡수하는 4세~5세 이후라고 보면 돼요. 아이마다 발달 시기에 차이가 있지만, 누구든 영어를 들은 그대로 따라 말할 수 있는 시기가 옵니다. 'Sit down. Open the door.' 같은 간단한 문장을 이해하고 적절한 상황에 표현하기라도 한다면 엄마들은 갑자기 마음이 급해지기 시작하지요. '지금이야! 이제 영어를 시작해야 하나 봐. 뭘 어떻게 해줘야 하지? 다른 친구들은 뭐 하지?'라며 주변을 둘러봅니다. 이때, 전혀 조급할 필요가 없어요. 지금 책을 읽고 있는 여러분은 이미 현명한 엄마이니까요. 영어 그림책으로 차근차근 시작하시면 됩니다. 혹시, 아이가 다섯 살이 지나서 늦은 건 아닌가 걱정이 되나요? 제 경험으로 볼 때, 8세까지 영어 그림책 힐링 육아는 절대 늦지 않았다고 단연코 말할 수 있습니다.

#오늘_지금 #시작하는것이중요해 #늦은건없다

아이와
추억 쌓기

　영어 그림책 힐링 육아는 거창한 것이 아닙니다. 어깨에 힘을 빼고 아이와 함께 즐겨야 해요. 그림책은 아이와 소통할 수 있는 도구이고, 재미있게 책을 읽고 이야기 나누는 사이에 자연스럽게 영어 노출이 되고 영어에 흥미가 생겨요. 이렇게 생각해 보세요. 영어책 표지의 제목과 작가만 읽어줘도 영어 노출이 시작되는 것이에요. 거기에다 영어 동요도 함께 흥얼거린다면 더 신나게 영어를 시작할 수 있겠지요? 아이는 영어 그림책으로 소통하면서 새로운 언어와 영미 문화를 자연스럽게 받아들이게 될 거예요. 추억을 먹고 산다는 말이 있습니다. 우리 아이들이 사춘기가 되고, 먼 훗날 어른이 되었을 때 엄마와 함께한 영어 그림책 시간은 돈으로 살 수 없는 소중한 자산이 될 거예요. 왜냐하면 그건 바로 그 누구도 흉내 낼 수 없는 내 아이만의 스토리이기 때문이지요. 아이와의 추억 쌓기는 함께 책을 보며 생각을 이야기하고, 대화를 나누는 것부터 시작할 수 있어요. 엄마의 생각도 함께 말해주면서 서로 공감하기도 하고요. 한 걸음 나아가 책을 읽고 간단한 독후 활동을 하기도 해요.

수업에서 『Hooray for Fish』 책을 읽어줬을 때의 이야기를 해볼게요. 아쿠아리움에 다녀온 아이는 다양한 모양의 물고기가 눈에 들어와서 페이지를 넘길 때마다 아쿠아리움에서 봤던 물고기 이야기를 쫑알쫑알 말하고 싶어 해요. 엄마와 매일 밤 잠자리에 뽀뽀하는 아이는 마지막 장면을 보면서, 우리 엄마도 맨날 이렇게 뽀뽀해 주는 데라고 말하기도 하고요. 물고기에게 이름 지어주기 활동을 할 때가 가장 재미있는데요, 각자의 경험이 녹아나는 기발한 생각들이 쏟아집니다.

#진짜힐링육아 #아이의경험 #소통이시작돼

옆집 아이
내 아이

육아하다 보면 귀가 얇아지고, 확신이 약해질 때가 있습니다. '어라, 옆집 아무개는 하루에 책을 10권이나 읽었데! 책 택배가 오면 상자 뜯자마자 앉은 자리에서 읽어달라고 한다던데? 우리 아이는 왜 택배 박스에 관심이 더 많은 걸까?' 이렇게 별거 아닌 작은 것부터 옆집 아이와 비교하기 시작하면 끝도 없습니다. 힐링 육아가 아니라 화를 돋우는 육아가 시작되지요. 힐링 육아에서 명심 또 명심해야 할 것은 바로 내 아이에게 집중하는 것이에요. 그 누구도 아닌, 내 아이에게 집중하다 보면 육아가 재미있어지고 아이의 발전하는 모습이 기특해서 눈에 꿀이 떨어질 거예요. 특히 5세 이후에 문자에 관심이 생기면서 리딩이 시작될 때는 더욱 그렇지요. 가시적으로 눈에 보이는 변화가 바로 '영어 읽기'이니까요. 하지만, 영어 읽기를 시작하기 전에 영어 그림책으로 독서습관을 잡아주는 것은 굉장히 중요합니다. 영어 읽기가 시작되었다고 해서, 그림책을 멈추는 것은 아니에요. 자기 전에 양치하는 습관처럼 잠자리 독서습관을 반드시 만들어 주세요. '누구네 집 아이는 잠자리에 몇 권씩 읽는다던데…'라고 부러워할 것이 아니라 그렇게 할 수 있도록 환경을 만들어주면 됩니다. 독서습관을 잡는 것이 처음에는 쉽지 않을 수 있어요. 이미 아이 눈에는 세상에 책보다 재미있는 것이 더 많기 때문이지요. 하지만, 습관은 정말 상상 이상의 엄청난 힘을 갖고 있다는 것을 겪어보신 분은 알 거예요. 엄마의 고생이라고 생각하지 마세요. '내가 왜 이 고생을 하고 있지?'라고 생각하는 순간 진짜 고생길이 열립니다. '아이와 함께 복닥거렸던 이 시간이 정말 행복한 시간이었구나.'라고 금방 돌아보는 날이 오게 될 거예요. 부모 세미나에서 강조 또 강조하던 멘트가 있어요. 바로 '어제의 아이와 오늘의 아이를 비교하라'에요. 옆집 아이와 나의 아이가 아닌, 내 아이의 어제와 오늘을 바라보세요. 아이는 하루가 다르게 성장합니다. 변화하고 성장하는 부분을 구체적으로 많이 칭찬해 주세요. 영어 그림책 힐링 육아는 엄마와 아이가 함께 만들어가는 것입니다. 옆집 아이와 옆집 엄마가 만들어 주지 않아요.

#어제와오늘 #내아이에게집중 #독서습관은보물이야

오늘도 육퇴 후 고민하는 당신에게

2. 기본은 알고 시작하자

이건 그림책이야
어렵게 생각하지 마

 힐링 육아에서 아이와 함께할 무기는 뭐였죠? 네! 맞습니다. 바로 영어 그림책이에요. '영어책?!'이라고 지레 겁먹기 전에 영어 그림책도 그림책이라는 것을 잊지 마세요. 영어로 'picture book'이라고 부르는 그림책은 그림 없이 글 자체만으로는 만들어질 수가 없어요. 글과 그림의 상호 작용으로 그림책 전체가 완성되고, 그중에서 그림으로 이야기를 전달하는 부분이 매우 큽니다. 심지어 글자 없는 그림책도 (wordless picture book) 있지요. 처음 영어 그림책을 접했을 때, 페이지가 없는 것을 보고 당황했던 기억이 납니다. '책인데 왜 페이지가 없지? 인쇄 오류인가?' 오늘 숙제는 몇 페이지까지, 시험 범위는 몇 쪽까지! 이런 학습서에 익숙했기 때문에 페이지가 없는 것이 의아했어요. 이유를 알고 나니 감탄을 금치 못했지요. 그림책 작가들은 자신이 그리는 한 페이지 한 페이지를 하나의 예술작품이라고 생각하고 작업을 한다고 해요. 그래서 페이지를 넣지 않는 거죠. 아는 만큼 보인다고, 이 사실을 알고 그림책을 보니 아이와 그림에 더 집중해서 보게 되고 이야기를 나누게 되더라고요. 글과 그림작가가 같을 때도 있지만, 다른 경우에는 그림작가 이름을 한 번 더 보게 되기도 하고요. 영어 그림책 속의 그림을 천천히 관찰해보면 깨알 재미들이 쏟아집니다. 글자에 집중하기보다 그림에 집중해서 읽어보세요. 이야기 속 주인공의 표정과 행동, 배경이 달라지는 것을 볼 수 있고, 장면마다 표현된 색깔이나 분위기도 느낄 수 있어요. 책장을 한 장씩 넘길 때마다 흥미로운 이야기와 함께 새로운 세계로 빠져들게 됩니다.

#어렵게느껴져? #그림책이라고! #해석보다그림에집중해

여기서 잠깐,
그림책 알아보고 가자

이제 영어 그림책으로 아이와 행복하게 시작할 준비가 되셨나요? 그렇다면, 좀 더 체계적으로 어떤 그림책이 있는지 알아볼게요. 유아 언어 발달과 문해력의 권위자이신 Judith A. Schickedanz(주디스 쉬켄단츠) 교수님의 말을 빌리자면, 다음 4가지 종류로 구분됩니다.

하나, 이야기 그림책(narratives)입니다. 우리가 흔히 말하는 스토리가 있는 그림책으로, 텍스트와 창의적인 삽화를 포함하고 있어요. 특

오늘도 육퇴 후 고민하는 당신에게

히, 등장인물의 관점과 행동, 인과관계가 들어가고, 이때 유아는 책을 보면서 등장인물의 심리적 인과관계에 주목하게 돼요. 이런 이야기 그림책은 유아의 언어발달을 돕고, 유아 자신만의 내러티브를 형성하여 타인과 상호작용하도록 한다고 해요. 쉽게 말하면, 자기의 이야기를 조리 있게 말하고 타인과 상호작용하며 관계가 확장될 수 있다는 것이지요.

둘, 정보 그림책(information books)입니다. 논픽션으로 자연과 날씨, 문화, 교통, 장소 등의 주제를 포함하는 지식 전달책이에요. 사실적 내용과 과정을 전달하며, 유아 눈높이에서 사실적 정보 전달을 쉽게 하기 위해 현실적인 삽화를 포함하지요. 식물이 자라나는 과정, 물의 순환, 교통수단의 종류, 다양한 직업 등에 관한 책이 여기에 속합니다.

셋, 예측 가능한 그림책(predictable books)입니다. 말 그대로 전개될 내용에 대한 예측이 가능하도록 한 개 이상의 문학적 장치를 활용하여 만들어진 책이에요. 유아가 기억하고 혼자 학습이 일어나기 쉽도록 각운이나 두운 (rhyming and alliteration), 단어 한두 개만 바꾸는 형식의 문장 반복, 후렴구 사용, 그림과 텍스트와의 밀접한 관계, 스토리 내용 추측해 보기 등 다음 일을 예측 가능하도록 하는 책입니다.

넷, 개념 그림책(concept books)입니다. 알파벳, 도형, 색, 숫자, 신체, 사물 이름과 같은 개념을 습득하는 책이에요. 이야기 그림책이 가지고 있는 플롯이 없는 대신 특정 개념으로 책이 이루어져요. 영유아 아이들은 개념 그림책으로 영어책을 시작하는 경우가 많습니다. 이때, 감각을 자극할 수 있도록 촉감 책이나 사운드 북, 조작 북도 있답니다.

#그림책의종류 #아는만큼보인다 #책세상에온결환영해

어떤 일이
일어날까?

아이들은 재미있으면 영어책에 금방 친숙해집니다. 친숙해지는 지름길 중의 하나인 예측 가능한 책(predictable books)에 대해 좀 더 알아볼게요. '어떻게 읽어줘야 해요?'라는 많이 하는 질문에 대한 답이 될 수도 있을 것 같아요. 책장을 넘기기 전에 아이에게 잠깐 생각할 시간을 주면서 다음 내용을 예측해보는 거예요. 마치 게임 같지요? 나와 작가의 생각이 같을까? 과연 어떤 일이 벌어질까? 어떤 내용이 전개될까? 예측 가능한 책을 다섯 가지로 구분했습니다. 책 표지와 설명만으로는 잘 이해가 안 갈 수도 있지만, 책을 한번 펴보시면 단번에 알 수 있을 거예요.

하나, 스토리의 전개가 개연성이 있어, 이야기를 따라가다 보면 다음 내용을 쉽게 예측해요.

둘, 알파벳, 숫자, 요일, 계절 등 주제에 순서가 있어 다음을 예측해요.

오늘도 육퇴 후 고민하는 당신에게

셋, 핵심 장면만 바뀌고, 주요 패턴이 반복되어 문장을 예측해요.

넷, 질문과 대답의 퀴즈 형식으로 스토리를 예측해요.

다섯, 반복되는 리듬과 라임으로 다음에 올 내용을 예측해요.

#잠깐_궁금증유발 #재미는영어지름길 #어른도재밌어

영어 노래
아는 거 있어?

입에서 입으로 전해지는 마더구스로 익숙한 영어 노래들이 있습니다. Old Macdonald, Twinkle Twinkle Little Star, Itsy Bitsy Spider, The Muffin Man 등 제목을 보니 생각나는 노래가 있으신가요? 'The

Wheels on the Bus'를 예로 들어볼게요. 제목만 봐도 손을 동글동글 바퀴처럼 움직이면서 입에서 흥얼거려지는 'wheels on the bus go round and round~~'! 유튜브에 검색하면 각종 영어 채널에서 업로드한 영상이 무려 100개가 넘어요. 많은 엄마들이 영상도 무료로 보여줄 수 있고 노래도 이미 아는데, 굳이 책으로 또 보여줘야 하나? 라고 생각해요. 천만의 말씀입니다. 영어 그림책의 묘미를 잘 모르는 분들이 쉽게 하는 실수예요. 노래로만 듣던 책의 스토리가 그림으로 표현된 걸 보면 신세계라는 걸 느끼실 거예요.

유치원에서 수업할 때 이미 알고 있는 노래의 영어 그림책을 꺼내면 반응이 정말 좋습니다. 학부모 세미나를 진행할 때, 엄마들도 마찬가지이지요. 이미 노래로 익숙해서 영어가 편안한데, 그림책으로 영어가 한 번 더 확장되니까요. 영어 수업 중 아이들에게 책을 읽어줄 때, 뒤에서 함께 보고 있던 유치원 담임선생님이 노래만 알고 있다가 책을 보시고는 깜짝 놀라기도 해요. 표지를 보면서 이야기 나누는 커버 톡(Cover Talk)은 기본이고요. 어떤 이야기가 펼쳐질지, 상상력이 톡톡 튀는 순간들이 와요.

오늘도 육퇴 후 고민하는 당신에게

버스는 어디로 가는 걸까요? 버스에 탄 사람들은 모두 누구일까요? 버스에 한 사람씩 올라탈 때마다 다음 장면에서 이 사람이 탔는지 찾아보는 스토리의 재미도 있어요. 운전기사 아저씨가 beep beep 경적을 울릴 때는 버스 앞에 고양이가 있고요, 버스의 승객들이 shh shh 할 때는 아기가 울고 있어요. 마지막에 happy birthday party! 라며 생일파티가 열리는 장면에는 책에 나왔던 등장인물 모두가 모인답니다. 흥얼흥얼 노래로만 들어서는 절대 알 수 없는 가치들이 영어 그림책에 숨어있습니다.

#마더구스 #노래알면효과두배야 #그림책의묘미

영어만의 재미
라임을 알아?

영어의 라임(Rhyme)이라고 하는 것은 쉽게 말하면, 끝소리가 같은 것을 말해요. 똑같은 철자로 끝날 수도 있고, 아닐 수도 있어요. 다음 단어들을 소리 내서 읽어보면서 끝소리에 집중해 보세요. 'ten, pen, men', 'four, score, door', 'all, ball, tall' 끝나는 소리가 같은 게 느껴지시나요? 잘 모르겠다면, 이번에는 입 모양이 어떻게 마무리되는지 집중하면서 소리 내어 읽어보세요. 소리와 입 모양이 모두 같지요? 이렇게 끝소리가 같은 단어들을 rhyming words라고 해요. 영어를 시작하는 아이들에게 라임은 말장난처럼 재미있어요. 실제 유치원 수업에서도 라임 부분을 아이들이 정말 좋아해요. 영어는 한국어와 달리 강세와 리듬이 있는 언어이기 때문에 라임의 역할이 굉장히 중요해요. 그래서 영어 그림책이나 동요에서 많이 볼 수 있답니다.

너서리 라임(Nursery Rhyme)이라고 들어보셨나요? 너서리 라임은 영미 유럽권에서 전해져 오는 아이들을 위한 구전 동요나 동시를 말해요. 너서리 라임에서는 노래를 부르거나 읽을 때 라임이 살아있어 말 놀이하듯 영어가 흘러가요. 그뿐만 아니라, 영미권 문학과 그 정서를 이해할 수 있는 배경과 캐릭터도 등장하지요. 너서리 라임을 마더구스 라고 부르기도 해요. 대표적인 너서리 라임의 한 소절을 보여드릴게요. 반짝반짝 작은 별 노래랍니다. 라임을 찾아보세요.

Twinkle Twinkle, Little Star, How I wonder what you are
Up above the world so high, Like a diamond in the sky
Twinkle Twinkle Little Star, How I wonder what you are

#영어의기본 #라임이뭐니 #라면_짜장면_쫄면

오늘도 육퇴 후 고민하는 당신에게

라임을
꼭 해야 하나?

A부터 Z까지 알파벳은 모두 몇 개일까요? 네, 26개입니다. 하지만 알파벳마다 나타내는 소리가 한 가지는 아니에요. 44개의 소리를 내지요. 예를 들어, cat과 city는 같은 알파벳 c로 시작하지만, 발음은 달라요. gorilla와 giraffe도 알파벳 g는 같지만, 소리는 다르지요. 이처럼 자음 중 c, g, y, w는 이중적 소리가 나고, 모음(a, e, i, o, u) 각각의 소리가 더 다양하기 때문에 영어를 시작하는 아이들에게는 어렵게 느껴질 수 있어요. a로 예를 들어볼게요. 'cat, make, father, tall' 단어에 모두 모음 a가 들어가지만, 발음이 다 다르죠? 영어가 외국어로 사용되는 우리나라 같은 EFL(English as a Foreign Language) 환경에서는 효과적으로 읽는 연습이 필요합니다. 이때 바로 라임이 전략이 될 수 있어요.

영어 읽기 능력에 대한 라임의 효과는 이미 많은 연구를 통해 밝혀져 있습니다. 몇 가지 라임만 알아도 읽을 수 있는 단어가 많아져요. 예를 들면, 'cat, sat, mat, fat'만 보너라도 'at'을 일면 읽을 수 있는 단어가 많죠? 단, 단순히 라임을 외워서 읽기를 확장하는 것이 아니라, 영어 그림책이나 챈트, 노래와 같은 이야기 안에서 의미 중심적인 학습이 더욱더 효과적이라는 것을 잊지 마세요. 미국 교과서나 파닉스 과정, 영어 수업에서 라임을 중요시하는 이유랍니다. 우리는 영어 그림책 힐링 육아 안에서 이런 학습적인 부분까지도 함께 녹여냅니다.

#소리의재미 #전략적읽기 #그거알아_미국애들도라임배워

영어 자신감
읽기가 시작될 때

　라임이 있는 영어 그림책으로는 닥터수스(Dr.Seuss) 시리즈가 단연 1등이에요. 전 세계적으로 사랑을 받는 미국의 그림책작가 닥터수스는 독특한 등장인물과 리듬과 라임을 살려서 50권 이상의 책을 냈어요. 특히 라임이 압도적으로 많아서 읽기를 시작하는 아이들에게 말장난 같은 장난스러운 책으로 인기가 많답니다. 아이 스스로 소리 내서 읽은 첫 책이 닥터수스 시리즈가 되기도 하지요. 영어 읽기의 자신감을 한껏 높여주는 효자 책이랍니다. 그중 Beginner Books로 구별되는 시리즈가 있어요. 이 책은 스스로 영어 읽기를 시작하는 아이들에게 감히 필독서라고 말씀드리고 싶어요. 이 시기에 영어 자신감은 아이들에게는 전부이거든요. 아무리 강조해도 지나치지 않는 영어 자신감, 닥터수스로 팍팍 채워주세요. 『Green Eggs Ham』은 50개의 단어로만 이루어진 책으로 유명해요. 책의 단어 중 사이트 워드(Sight Words)[1]가 87%로, 아이들이 쉽게 읽을 수 있고, 영어 자신감이 생길 수밖에 없어요. 책 페이지 수가 무려 62쪽이나 되는데, 반복되는 라임과 단어들로 아이들이 끝까지 읽을 수 있답니다. 신기하죠? 닥터수스 시리즈에 좋은 책이 많이 있지만, 그중 몇 권을 추천해 드려요. 아이가 읽기 시작할 때, 꼭 챙겨서 읽어주세요.

#영어자신감은리딩에서시작된다 #강조또강조 #폭풍칭찬

---

[1] 사이트 워드란? 단어를 보자마자 한눈에 들어오는 빈도 높은 단어들로, 리딩 초기 단계에 학습합니다. 파닉스 규칙이 적용되지 않는 단어들이 대부분이며, a, the, they, what 등이 있습니다.

오늘도 육퇴 후 고민하는 당신에게

3. 전략이 필요해

한글 뗐어?
그럼 영어는?

영어 그림책 힐링 육아에도 전략이 필요합니다. 아이 영어교육을 어떻게 할지 앞으로 진행할 방향과 목적지를 알면 흔들림 없이 나아갈 수 있어요. 먼저 0~4세에는 무엇보다 소리 노출에 집중해요. 영어 동요, 영어 그림책 등 영어가 친숙해질 수 있도록 많이 들려주고 읽어주세요. 귀가 트이고, 영어가 하나의 언어로 익숙해질 수 있도록 이요. 5세부터 전략은 더 중요해집니다. 5세가 되면 우리 아이들이 본격적으로 어린이집이나 유치원에 가기 시작하죠? 영어유치원에 가기도 하고요. 아이들은 이쯤부터 문자에 눈을 뜨기 시작해요. 자기 이름을 알고, 읽고 쓰를 시작해요. 길을 가다가 SUBWAY를 보면, 신이 나서 알파벳 S가 있다고 아는 척을 하기도 하고요.

오늘도 육퇴 후 고민하는 당신에게

아이가 한글을 읽고 쓰기 시작하고, 엄마들 사이에서는 '한글 뗐어?'라는 질문들이 오고 가요. 한글을 뗐다는 말은 무슨 뜻일까요? 맞아요. 한글을 읽을 수 있냐는 질문이에요. 영어도 결국 한글과 같은 언어에요. 영어 그림책과 함께하는 힐링 육아에는 아이가 스스로 영어를 읽는 힘이 생겨요. 바로 영어 자신감이에요! '엄마, 영어가 쉽고 재미있어! 읽어볼래.'라는 자신감은 하루아침에 생기지 않아요. 반면, 한번 생긴 영어 자신감은 쉽게 무너지지 않지요. 한글 뗐어? 그럼 영어는? 한국에서 교육을 이어 나갈 거라면, 영어 읽기는 필수입니다.

#영어도언어다 #한글뗐어? #영어읽기는필수야

영어 유치원
무엇을 배울까?

아이가 유치원에 갈 나이가 되면, 엄마들은 어디를 보낼지 선택해야 합니다. 어린이집, 일반 유치원, 병설 유치원, 숲 유치원, 영어유치원 등을 염두에 두고 정보를 수집하며 엄청난 고민을 하지요. 영어교육에 관심 있는 엄마라면 영어유치원에 대해 한 번쯤은 보낼까 말까? 생각해 봅니다. 영어유치원도 학습 식이냐 놀이 식이냐? 교육철학에 따라 고민하게 되지요. 하지만 결국, 영어유치원을 선택하게 되는 이유는 무엇일까요? 바로 '영어 환경과 아웃풋'입니다. 미국 커리큘럼으로 영어를 배우게 되고, 상주하는 원어민 선생님 수업이 있으며, 일반 유치원보다 적은 인원으로 몰입도 있게 영어를 학습하게 됩니다. 다시 말해,

5세, 6세, 7세를 대상으로 미국 교과서를 메인으로 하여 영어환경을 만들고, 원어민이 선행학습을 시키는 기관인 셈입니다.

그렇다면, 영어유치원에서 말하는 미국 커리큘럼은 무엇일까요? 기본적으로 미국 교과서로 수업하며, 리터러시를 근간으로 언어의 4대 영역(듣기, 말하기, 읽기, 쓰기)을 골고루 배우도록 합니다. 여기에 파닉스와 읽기, 스토리 수업이 들어가지요. 그 외 나머지 영역인 사회, 과학, 수학은 다양한 활동들과 부교재로 배우게 됩니다. 국내 영어유치원에서 많이 사용하는 미국 교과서에는 Wonders, Journeys, Into Reading이 있어요. 서점에 가서 책을 열어보시면, 언어의 4영역이 구성이 어떻게 되어있는지 바로 감이 오실 거예요.

영어유치원에서도 영어 그림책을 읽어줄까요? 그럼요, 엄청나게 읽어줘요. 원어민 선생님의 소리 내어 읽어주기(Read Aloud) 시간은 필수이고, 영어 그림책이나 쉬운 리더스를 매일 혹은 매주 대여해서 숙제로 내주기도 해요. 요즘은 e-book으로 다독 시스템이 잘 되어있어서 독서량이 어마어마합니다. 차고 넘치게 읽어줘요. 하지만 어렸을 때는 종이책으로 접해줘야 하는 부분 절대 놓치지 마세요. 영어유치원을 다닌다고 해서, 그냥 등원만 하는 아이와 다독으로 확장한 아이는 실력 차이가 확 납니다.

그렇다면, 영어 그림책 힐링 육아에서 '영어환경과 아웃풋'은 어떻게 하면 될까요? 방향을 알고, 엄마가 노출해 주면 돼요. 차고 넘치게 영어책을 읽어요. 신나고, 재미있게! 아이가 좋아하는 책으로, 틀에 짜인 숙제가 아니라 내 아이 맞춤형으로 읽어주세요. 거기에 영어 그림책이나 동화 관련 DVD나 유아 영상물로 소리 노출해주세요. 자극적이지 않은 유아 영상물로는 페파피그, 메이지, 까이유 등이 있습니다. 영어

유치원의 매력을 집에서도 충분히 끌어낼 수 있습니다.

#영유매력있니? #결국엔노출 #인풋이돼야아웃풋이나와

미국 교과서
1.4는 뭐지?

  'Wonders 1.3부터 시작해요. Journeys 2.4를 하고 있어요.' 이런 얘기 들어보셨나요? 미국 교과서에 숫자, 즉 레벨은 학년을 의미합니다. Wonders 책으로 예를 들어볼게요. Wonders는 미국 공통 핵심 교과과정 CCSS(Common Core State Standards)를 반영한 책으로, 읽기와 쓰기의 메인 교재와 워크북으로 구성되어 있어요. Grade 1부터 Grade 6까지 각 6개의 Unit으로 되어있지요. 만약, Wonders 1.4로 수업한다고 하면, 1학년(Grade 1)의 4번째 책을 말하는 것이에요. 레벨별로 아이 수준에 따라 선행을 하기도 하고, 건너뛰기도 해요. 미국 교과서는 쉽게 말해, 국어책이라고 생각하시면 됩니다. 책을 살펴보면서 우리 아이의 레벨을 가늠할 수 있답니다.

#미교 #쉽게말해국어책 #말하기_듣기_읽기_쓰기_리터러시

파닉스를
알고 하자

엄마표 영어를 진행하면서 엄마들이 가장 어려워하는 부분이 바로 파닉스입니다. 대부분 파닉스로 영어를 배운 세대가 아니고, 파닉스가 뭔지도 잘 모르는 경우가 많지요. 영어 읽기가 되기까지 파닉스 커리큘럼에서 어떤 과정을 거치게 되는지 말씀드릴게요.

하나, 26개의 알파벳 대문자와 소문자 모양을 인지해요. B는 이렇게 생겼구나, 이 알파벳은 이름이 B이구나. 이때, Banana, Ball, Bear 등 B로 시작하는 쉬운 단어들을 그림 카드로 배워요. 알파벳 모양을 알고 나면, 각 알파벳의 대표 음가를 배우게 돼요. 영어 학습량에 따라 알파벳 모양과 음가를 동시에 진행하기도 합니다.

둘, 알파벳을 자음과 모음으로 구별 지어보아요. 자음과 모음으로 나뉜 알파벳의 음가를 정확히 배우면서, 그림카드로 이미 알고 있는 단어들을 문자로 접합니다. Banana, Ball, Bear의 첫소리에 집중하면서요. 이때, 일반적으로 알파벳 쓰기도 같이 시작해요.

셋, 자음과 단모음을 조합하는 이른바 CVC words[2]를 배워요. 문맥 안에서 단어들을 만나고 읽기 연습을 시작합니다. 'Fat cat on a mat.' 이 대표적인 예문이에요.

넷, 장모음과 이중모음, 이중 자음을 배우게 됩니다. tape, bone, pine, rain 같은 단어들을 파닉스 규칙으로 읽을 수 있어요.

아이와 함께 진행하기에 앞서 파닉스 커리큘럼이 어떻게 진행되는지

---

[2] CVC words는 Consonant + Vowel + Consonant (자음+모음+자음)으로 이루어진 단어로, cat, mat, pen, sit 등의 단어를 말합니다.

오늘도 육퇴 후 고민하는 당신에게

큰 그림이 그려지시길 바랍니다. 파닉스를 시작하는 나이는 아이마다 다릅니다. 아이가 단모음과 자음의 조합을 이해할 수 있을 때, 본격적으로 시작하시길 추천해드려요. 내 아이 맞춤으로 힐링 육아하시는 여러분은 아이의 학습능력에 따라 집약적으로 할 수도 있고, 천천히 할 수도 있다는 것을 잊지 마세요. 파닉스를 시작하면 확실히 읽기가 더 빠르게 확장이 될 거에요. 한 단어부터 시작해서, 짧은 문장으로 읽기가 이어지고, 점점 글 밥이 늘어나게 되지요. 이때, 닥터수스 비기너 시리즈나 영어 그림책 중에서 노래를 알거나 익숙해서 쉬운 책이 빛을 발한답니다.

#애증의파닉스 #차근차근시작해 #읽기가확장된다

집안에
영어 환경을 만들자

유아 시기에는 환경에 영향을 많이 받습니다. 특히 오랜 시간을 머무는 집안의 영어환경은 굉장히 중요하지요. 아이 눈높이에서 언제 어디서나 편하게 책을 꺼내 볼 수 있고, 책이 놀잇감처럼 느껴지는 공간이 필요해요. 거실을 서재화하거나, 리딩 코너를 만들어 집 안의 도서관을 꾸미는 것도 좋습니다. 식탁 근처, 방문 앞 등 아이가 자주 지나다니는 곳에 전면 책장을 두는 것도 좋아요. 아이들은 표지의 그림을 보고 책에 관심을 가질 때가 많습니다.

책을 보는 분위기가 조성되었다면, 이제 읽을 책을 어떻게 둘지, 책의 회전에 대해 말씀드릴게요. 책꽂이에는 보통 아이가 좋아하는 책이나, 도서관에서 빌려온 책, 엄마가 구매한 책등 다양한 책들이 꽂혀있을 거예요. 보통 늘 같은 자리에 책이 놓여있어요. 이 공간과 별도로 매주 읽을 책을 정해서 별도의 바구니나 전면 책장에 꽂아주세요. 매일 읽을 책을 회전하는 것은 부담스러워요. 1주일로 한번 시작해 보세요. 1주일 동안 읽을 책을 미리 선정해 놓으면, '오늘은 뭐 읽지?' 고민하는 시간을 아껴줄 거예요. 또, 새로운 책을 접하는 재미도 있고, 전에 읽었던 책도 다시 꺼내서 전면 책장에 넣는다면 새롭게 느껴질 수 있어요.

다음 주 읽을 책을 챙겨놓는 루틴을 만들어요. 예를 들면, 금요일 저녁을 먹고 난 후 혹은 잠자기 전에 다음 주 읽을 책을 고르는 시간으로 약속해요. 이렇게 시간을 정해놓으면 좀 더 강제성 있게 움직이게 된답니다. 아이들에게 약속은 소중하니까요. 시간적 여유가 없는 날에는 엄마 혼자 책을 고를 수도 있지만, 되도록 아이와 함께하시길 추천해요. 아이가 참여하는 과정에서 책과 한걸음 친해질 수 있어요. 지금 당장 책을 읽는 것이 아니라, 읽을 책을 고르는 시간이기 때문에 심리적으로 부담이 없거든요.

영어환경에서 음원 노출도 빠질 수 없지요. CD 플레이어, 세이펜 등 소리 노출을 해줄 수 있는 기기들을 한쪽에 두고 아이가 스스로 조작할 수 있게 해주세요. 5세 이상이 되면, 아이들이 스스로 할 수 있는 능력이 생기고 기계 조작으로 음원이 나오는 것을 신기해하며 영어가 재미있어져요. 아이들은 생각보다 금방 큽니다. 행여나 만지다가 고장 날까 걱정하는 시간도 금방 지나가요. 아이가 스스로 할 수 있는 부분을 아낌없이 칭찬해 주시고, 할 수 있도록 격려해주세요.

오늘도 육퇴 후 고민하는 당신에게

생각 주머니가 커지는
주제별 독서

  다독과 정독을 균형 있게, 꾸준히 할 수 있는 전략이 있습니다. 바로 주제별 독서에요. 주제별 독서를 하게 되면, 하나의 주제에 대해 심도 있는 확장이 가능하고, 다양한 그림과 이야기로 다독까지 가능해져요. 주제를 선택하는 순서는 정해진 것이 없어요. 아이가 좋아하는 관심사대로 먼저 선택해서 읽으면 돼요. 아이가 동물을 좋아한다면, 동물 주제부터 시작하면 되겠죠?

  책을 고르기 전에 마인드맵 활동을 해보세요. 아직 글쓰기가 어렵다면 그림으로 표현해도 되고, 아이가 생각을 말하고 엄마가 대신 써주는 것도 좋아요. 가운데 중심 주제를 써놓고, 관련된 생각을 확장해 나가는 활동을 통해 아이의 생각 주머니는 무럭무럭 자라날 거예요. 책을 다 읽고 난 후, 처음에 작성한 마인드맵을 보면 아이는 또 다른 생각들로 말풍선을 채우게 될 거예요. 이게 바로 주제별 독서의 매력이 아닐까요?

#하나의주제로 #다독과정독 #이건그냥강추다

제 2 장
영어 그림책 힐링 육아

1. 재미있으면 만사 오케이

아이에게 책을 읽어주다가 생각보다 너무 재미있어서, 막 흥분되고 뒷부분이 궁금했던 적 있으세요? 아이보다 먼저 어떤 내용인가 살짝, 몰래 보기도 하고요. 재미있는 이야기에 깔깔거리고, 그림책으로 새로운 세상을 만난다는 것은 힐링 그 자체입니다. 일석이조로 스토리가 있는 영어책에 풍덩 빠져본 경험이 있는 아이들은 영어는 쉽고 재미있다는 생각이 자연스럽게 스며들게 되지요. 영어 자신감과 함께 책을 좋아하는 아이로 성장해요.

아이가 '엄마, 또 읽어주세요!'리고 자꾸만 가져오는 책이 있나요? 엄마의 마음은 새로운 책을 다양하게 많이 읽었으면 좋겠는데, 아이들은 한 번 꽂히는 책이 생기면 몇 번이고 반복해서 읽어달라고 하기도 해요. 그림책을 볼 때마다 새로운 것이 보이기도 하고, 생각지 못했던 것도 다시 보이면서 재미있게 느껴져요. 생각 주머니가 점점 커지는 과정입니다. 아이의 취향을 잘 파악해서 보고 또 본, 손때 묻은 추억의 책을 만들어 주세요. 여기서 한 가지 주의할 점은 아이의 나이에 따라 재미의 기준이 다르다는 것입니다. 3세~4세 아이들에게는 반복되는 리듬과 라임, 친숙한 주제만으로도 관심을 끄는 시기에요. 에릭 칼 작가님의 『Brown bear, brown bear, What do you see?』, 『Today is Monday』 같은 책이지요. 어른들이 볼 때는 짧은 문장이 반복되고 시시해 보일 수도 있지만, 그 시기 아이들은 말장난 같은 영어의 리듬과 라임으로 반복의 재미를 한껏 느낀답니다. 그럼 언제 스토리가 재미있는 책을 좋아할까요? 보통 5세~6세 이후부터 기승전결, 스토리가 있는 책에 반응을 보이기 시작합니다. 책의 내용을 이해하고, 주인공의 마음에 공감할 수 있는 연령대가 된 것이지요. 이때를 놓치지 마시고 재미있는 영어 그림책을 많이 읽어주세요. 그 시기가 지나면 상상 속의 이야기보다는 현실에 흥미를 느끼게 되거든요.

오늘도 육퇴 후 고민하는 당신에게

풍선나라가 정말 있을까?

『Balloonia』

글, 그림 Audrey Wood

여러분은 풍선과 어떤 추억이 있으신가요? 한 번은 어린이날 행사에서 하늘로 날아가는 헬륨 풍선을 받았어요. 평소에 잘 보지 못하는 헬륨 풍선이 마냥 신기했지요. 집에 오는 지하철에 어쩔 수 없이 뻥! 터뜨려야만 했던 아쉬웠던 기억이 납니다. 지하철 풍선 반입 금지를 몰랐거든요. 하늘 높이 올라가는 풍선들은 어디로 가는 걸까요? 언젠 가는 풍선이 터질 거라는 걸 알지만, 왠지 내 풍선은 영원히 터지지 않을 것 같아요. 동심의 세계, 풍선 나라로 함께 떠나 보아요! 책을 보고 난 후, 나만의 풍선 나라를 만들어 보면 정말 재미있답니다.

풍선을 하나씩 손에 쥔 남매 Jessica(제시카)와 Matthew(메튜)의 티격태격 상황으로 이야기는 시작됩니다. 매튜는 구름 뒤에 풍선이 사는 Balloonia(풍선 나라)가 있다고 믿고 빨간 풍선을 놓아주며, 'Good bye, balloon, have a nice trip.' 풍선아 잘 가, 행복한 여행하렴. 하고 인

사를 해요. 반면 제시카는 풍선 나라가 있다는 것은 말도 안 된다고 생각해요. 매튜의 말을 믿지 않는 제시카!

There is no Balloonia. If there is, take me there... or else!
풍선나라는 없어. 만약 있다면, 나를 그곳에 데려가 줘...!

제시카의 이 한마디에 마법 같은 일이 일어납니다. 제시카의 몸이 점점 가벼워지더니 풍선이 되어버렸어요! 노란 풍선에 이끌려 구름 너머 저편으로 가게 되는데요, 어디로 가는 걸까요?

Oh, my. There is a Balloonia, and everything is made of balloons.
우와, 풍선 나라에요. 모든 것이 풍선으로 만들어져 있어요.

아이들이 너무나 좋아하는 장난감, 풍선 이야기로 무한 상상력을 자극하는 흥미진진한 이야기가 펼쳐져요. 풍선 나라는 어떤 모습일까요? 우리가 사는 세상과 같을까요? 풍선은 말을 할 수 있을까요? 나이가 들면 바람이 빠질까요? 터지면 어떻게 하죠? 다양한 상상만으로도 벌써 재미있습니다. 노란 풍선은 제시카에게 풍선 나라의 구석구석을 여행시켜 줘요. 풍선으로 만들어진 놀이공원, 동물원, 그리고 바닷가까지 제시카는 시간 가는 줄 모르고 빠져들어요. 돌아갈 시간이 되었는데도, 더 놀고 싶다고 투정을 부리네요. 어쩌죠? 무사히 집으로 돌아갈 수 있을까요?

오늘도 육퇴 후 고민하는 당신에게

 예쁜아기곰 tip

문구점에서 쉽게 살 수 있는 풍선으로 나만의 풍선 나라를 꾸며보세요. 풍선 나라에 간다면 어떤 장소를 구경하고 싶은지 생각해 보고, 알록달록 풍선을 다양한 크기로 불어서 만들어 보세요. 풍선이 터질까 봐 겁이 난다면, 그림을 그려봐도 좋습니다.

생일 선물을 골라요

『Sheep in a Shop』

글 Nancy Shaw, 그림 Margot Apple

　생일 파티에 초대되면 내 생일만큼 기분이 설레어요. 상자를 열어봤을 때 입가에 미소가 번지는 주인공의 얼굴을 떠올리며 선물을 준비하기도 하고요. 우리 아이의 생일 파티라면, 음식 준비부터 행복한 분주함을 느끼기도 하지요. 아이들에게 친구 생일 선물을 직접 준비할 수 있도록 도와주세요. 엄마가 선물을 골라서 포장까지 해주는 것 말고, 생일을 맞이한 친구가 무얼 좋아할지 생각해 보고 가까운 문구점이나 마트에서 직접 골라보면 색다른 경험이 될 거예요. 꼬물꼬물 그림 편지까지 함께하면 더욱 좋겠죠?

A birthday's coming! Hip hooray! 생일이 다가오고 있어! 앗싸!
Five sheep shop for the big, big day.
다섯 마리 양이 중요한 날을 위해 쇼핑을 하러 가요.
Sheep finds rackets. 양들은 라켓을 발견해요.
Sheep find rockets. 로켓도 발견해요.

　　　　　　　　오늘도 육퇴 후 고민하는 당신에게

다섯 마리의 양이 생일 선물을 사기 위해 룰루랄라 신나게 가게로 가고 있어요. 한 손에는 돼지 저금통을 들고 가는 모습이 눈에 띄네요. 과연 어떤 선물을 고르게 될까요? 물건을 구경하면서 양들은 'Sheep find …'양들이 찾아요.라는 문장을 반복하게 됩니다. 아이들이 문구점에 갔을 때, 신기해하면서 '엄마, 여기 좀 봐요. 이것도 있어요.'라고 말하는 모습 같아요. 선물 가게의 단어들이 라임으로 이루어져 있어, 말놀이하듯 더욱 재미있게 읽을 수 있습니다.

rackets, rockets, jackets, pockets
blocks, clocks / trains, planes
beach ball, out-of-reach ball

한참을 구경하던 한 양들은 비치볼을 사기로 정했는데요, 너무 높이 있어서 손이 잘 닿지 않네요. 아슬아슬하게 까치발을 들고 꺼내다가 그만! 우당탕 물건들이 쏟아지고 맙니다. 이 장면에서 아이들은 깔깔거리고 웃지요. 이런, 쏟아진 물건을 겨우 정리하고 계산하려는데, 이번에는 돈이 부족하네요. 양들은 어떻게 대처할까요? 아이들과 재미있는 이야기 속에서 문제해결 능력을 발휘해 보세요. '너라면 어떻게 할 거야? 엄마라면 이렇게 할 것 같아.' 대화도 나눌 수 있습니다.

 예쁜아기곰 tip

책을 읽고 난 후 손쉽게 할 수 있는 독후 활동은 책에 나온 내용을 따라 해 보는 거예요. 책 속 주인공이 되어보는 것이지요. 『Sheep in a Shop』의 첫 페이지에 양이 달력에 친구 생일을 표시해 놓은 것처럼 내 생일, 가족, 친구의 생일을 표시해 보세요. 날짜 개념과 1년 열두 달에 대해서도 알려줄 수 있답니다. 하나 더, 양들이 생일 선물을 사려고 돈을 모은 것처럼 저금통에 동전을 모아 모세요. 모은 동전을 세어보기도 하고 지폐로 바꿔보며 돈의 개념을 알고, 사고 싶은 물건을 구매해 보며 경제 개념을 배우는 자연스러운 방법입니다.

Piggy Bank

More Books 작가 Nancy Shaw의 양 시리즈

오늘도 육퇴 후 고민하는 당신에게

난 할로윈이 무섭다구!

『Click, Clack, Boo!』

글 Doreen Cronin, 그림 Betsy Lewin

해마다 10월 31일이면 Halloween Day(할로윈 데이)가 찾아와요. 미국의 대표적인 문화, 할로윈데이! 이제는 한국에서도 할로윈 시즌이 되면 특별한 장소뿐만 아니라 일상의 거리에서도 할로윈 풍경을 볼 수 있어요. 남녀노소 다양한 분장을 하고 축제를 즐기고, 유치원에서도 할로윈 파티를 하지요. 특히 영어유치원에서는 큰 행사로 진행해요. 할로윈 파티에서 소복을 입고 귀신 분장을 한 적이 있어요. 할로윈이 미국 문화지만, 한국 느낌을 살리고 싶어서 소복을 입고 무시무시한 화장을 했었답니다. 원어민도 깜짝 놀라게 한 한국 귀신이라고나 할까요. 여러분도 아이와 함께 할로윈 주간을 즐겨보세요. 영어 그림책과 함께라면 더 풍성해질 거예요. 스토리를 통해 할로윈의 특징을 한눈에 볼 수 있으며, 수업에서도 인기가 많은 책을 소개합니다.

할로윈의 으스스한 분위기가 무서운 농장 아저씨가 있어요. 무섭긴 하지만 친구들을 위해 문 앞에 사탕 바구니는 놓아둡니다. 그리고는

'DO NOT DISTURB 방해하지 마시오' 표시를 걸어놓고 혼자 집안에 들어가요. 그 시각 헛간에서는 들썩들썩 할로윈 파티가 시작되고, 할로윈에만 볼 수 있는 특별 시상식도 준비되어 있답니다.

Most candy eaten! 사탕을 가장 많이 먹는 상!
Scariest BOO! 가장 무섭게 놀라게 한 상!
Loudest SCREAM! 가장 크게 비명을 지른 상!
BEST COSTUME! 최고의 의상을 입은 상!

생쥐는 공주로, 돼지와 양은 마녀로, 고양이는 박쥐로, 오리는 드라큘라로 분장 하고 할로윈의 밤은 깊어만 가요. 할로윈에 어울리는 통통 튀는 의성어가 책 읽기를 더욱 신나게 합니다.

crunch, crunch, crunching 으드득, 으드득, 으스러지는 소리
creak, creak, creaking 삐그덕, 삐그덕, 삐걱거리는 소리
tap, tap, tapping 톡톡, 톡톡, 두드리는 소리

하지만 농부 아저씨는 이런 소리가 무섭기만 해요. 이런, 이 소리가 집 앞까지 다가왔어요. 파자마 차림으로 조심스레 문 앞으로 나가보는 아저씨, 사탕 바구니는 온데간데없고 'HALLOWEEN PARTY at the barn!' 헛간에서 '할로윈 파티가 열려요'라는 쪽지만 붙어있네요. 과연 농부 아저씨는 파티를 즐기러 동물 친구들이 있는 헛간으로 가게 될까요? 특별 시상식의 주인공은 누가 될까요? 책에 나온 상 이외에도 기발한

상을 만들어 보세요. 아이들의 생각은 상상을 뛰어넘습니다.

 예쁜아기곰 tip

할로윈을 더 재미있게 즐기고 싶다면 아이가 직접 참여할 수 있도록 해주세요.

① HAPPY HALLOWEEN 알파벳 글자를 출력해서 아이가 색칠하고 꾸며요.
② 검정 색종이로 박쥐를 접어서 벽에 붙여요. (검색: 박쥐 접기)
③ 털실로 거미줄을 표현해요.
④ 귤껍질을 까지 않고, 작은 호박이라고 생각하고 매직으로 다양한 표정의 얼굴을 그려줘요.
⑤ 동그란 막대사탕에 갑 티슈 한 장을 씌우고 빵 끈으로 둘러주면 유령이 돼요. 사인펜으로 눈코입도 콕콕 찍어주세요.
⑥ 늙은 호박 속을 파내고, Jack-O'-Lantern(잭오랜턴)을 만들어요. 어떤 모양으로 할지 호박 위에 아이와 함께 그려보고, 모양대로 칼로 잘라내는 것은 어른이 해주세요. 그다음 속을 파내는 부분은 아이가 하게 해주세요.
⑦ 아이 코스튬에 맞게 분장을 살짝 해주세요. 저는 아이섀도와 입술을 살짝 발라줬는데, 친구들에게 인기 만점이었어요.
⑧ Trick or Treat! 푸짐한 사탕과 아이의 바구니 준비는 필수겠죠?

할로윈을 즐기는 모습

오늘도 육퇴 후 고민하는 당신에게

앗, 이가 빠졌어요

『Tooth Fairy』

글, 그림 Audrey Wood

어렸을 때 흔들리는 이를 빼는 게 왜 그렇게 무섭던지요. 울고불고 할머니 뒤에 숨고, 도망가다 결국 잡혀서 이빨을 실로 묶인 채... '어~ 저게 뭐야?' 하는 사이에 이마 툭! 치고 어느새 빠져버린 이. 지금 생각하면 피식 웃음이 나요. 보통 첫 이는 여섯, 일곱 살쯤에 빠지지요. 아이들이 태어나서 처음 경험하는 발치! 우리 집 꼬마 대장의 첫 유치, 잊을 수가 없습니다. 괌으로 갔던 가족여행에서 돌아오는 공항이었어요. 수속을 밟고, 비행기 탑승을 기다리는데 이가 흔들린다며 기분이 이상하다고, 만지지 말래도 계속 꼼지락거리고 이를 흔드는 거예요. 그러다가 그만 진짜로 이가 툭! 빠져서 날아갔어요. 분명 눈앞에서 빠진 이었는데 도대체 어디로 간 건지 아무리 눈 씻고 찾아도 없더라고요. 비행기 시간 놓칠세라 어쩔 수 없이 찾지 못하고 두고 온 이. 이빨 요정이 공항에도 갔을까요?

Tooth Fairy는 미국 문화에서 엿볼 수 있는 이빨 요정으로 머리맡에 빠진 이를 놓아두면, 그것을 가져가고 그 대신 동전을 놓아둔다는 상상 속의 존재예요. 천진난만한 아이들은 산타 할아버지처럼 이빨 요정을 믿고, 머리맡에 빠진 이를 두고 아침을 기다리지요. 앞에서 소개했던 풍선 나라의 주인공 남매, 매튜와 제시카의 『Tooth Fairy』 이야기로 함께 떠나 보아요.

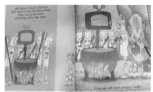

이가 빠져서 너무나 신이 난 매튜의 모습으로 이야기는 시작됩니다. 엄마는 매튜에게 다정하게 이빨요정 이야기를 들려줘요. 제시카는 그 모습이 너무 샘이 나요. 급기야 제시카는 옥수수 알맹이를 하얗게 색칠해서 가짜 이를 만들고, 마치 이가 빠진 것처럼 베개 밑에 넣어둡니다.

Greetings, Children. I'm the Tooth Fairy.
안녕 얘들아, 나는 이빨요정이란다.
Look what I found under your pillows.
너희 베개 밑에서 내가 뭘 찾았는지 보렴.

아이들이 잠이 들자, 반짝이는 빛과 함께 진짜 이빨 요정이 나타났습니다. 'Loose Tooth Away!' 이빨아, 빠져라! 라는 주문과 함께 아이들을 궁전으로 데려가게 되는데요, 어떤 일이 일어날까요? 모든 것이 이로 만들어진 이빨 궁전. 깨끗하고 튼튼한 이는 명예의 전당에 전시가 되고, 썩은 누런 이는 지하로 가져가 별처럼 빛이 날 때까지 깨끗하게 닦아지게 되는 신기한 곳이에요. 거짓말을 한 제시카, 옥수수로 만든 가짜 이는 어떻게 될까요? 들통날까요?

I never should have done it. 난 그렇게 하지 말았어야 했어.
Cheer up, Jessica. I'm sure you'll lose a real tooth soon.
힘을 내렴, 제시카. 너도 곧 진짜 이가 빠질 거란다.

결국, 궁전 로봇에게 들켜 허둥지둥 도망치게 돼요. 제시카는 속상한 마음으로 반성하면서 시무룩해지지요. 이빨요정은 천사 같은 미소를 지으며 위로를 건네고, 집으로 돌아온 제시카는 얼마 지나지 않아 사과를 먹다가 진짜 이가 빠지게 된답니다.

 예쁜아기곰 tip

낯설게 느껴지는 Tooth Fairy를 좀 더 알아볼 수 있어요.

① 유튜브에 tooth fairy를 검색하시면, 영상으로 스토리를 볼 수 있어요. 빠진 이를 베개 밑에 넣고, 이빨 요정이 찾아오는 스토리를 애니메이션으로 만나보세요.

 Tooth Fairy – 페파피그 에피소드 영상

 Tooth Fairy – 까이유 에피소드 영상

② 구글 이미지에 'Dear tooth fairy'라고 검색하면 보세요. 전 세계의 꼬마 친구들이 이빨 요정에게 쓴 편지들을 보면서, 미국 문화를 느낄 수 있어요.

저렇게 높은데 탈 수 있어?

『Fun at the Fair』

Peppa Pig 미디어 원작

보기만 해도 행복한, 늘 웃음이 넘치는 페파피그 가족이 있습니다. 주인공 Peppa(페파), George(조지), Mommy pig(엄마), Daddy pig(아빠)와 페파 친구들의 좌충우돌 일상생활을 재치 있게 풀어내는 이야기 예요. 생일파티, 목욕 시간, 치과 가는 날, 기차여행, 아빠의 사무실, 스키 타기 등 우리가 겪는 다양한 일상을 만날 수 있어요. 영국 방송 으로 시작된 페파피그는 국내 EBS에 방영이 되면서 더욱 인기를 끌었 고, 책과 영상의 동일한 내용으로 더 쉽게 영어에 다가갈 수 있답니다. 유튜브 영상부터 DVD, 영어 그림책, 리더스까지 골고루 접할 수 있는 페파피그 시리즈! 그중 인기 있는 에피소드를 소개해 볼게요.

화창한 어느 날 페파가족은 나들이를 가게 됩니다. 우리 아이들은 주말에 어딜 가고 싶어 하나요? 동물원? 워터파크? 놀이공원? 캠핑?

오늘도 육퇴 후 고민하는 당신에게

페파가족은 놀이공원에 가네요. 빙글빙글 미끄럼틀, 신기한 서커스, 꿈을 가득 담은 풍선, 과녁 맞히기, 높이 올라가는 관람차, 맛있는 푸드트럭까지, 놀이공원에 가면 볼 수 있는 풍경들을 보기만 해도 마음이 들뜹니다. 아이들과 책을 보다 보면, 어느새 동심의 세계로 빠져들어요. 아이들은 놀이공원에 푹 빠져 가고 싶다고 이야기하면서, 직접 경험한 내용이나 알고 있는 내용을 종알종알 말하기도 하지요.

아빠와 조지가 제법 높아 보이는 빙글빙글 미끄럼틀을 타러 갔어요. 이런, 조지는 깔깔거리며 제일 꼭대기까지 올라갔지만 결국 무서워서 울음을 터뜨리고 맙니다. 우리 아이들도 이런 적 있지요? 하지만, 이야기에는 반전이 기다립니다. 겁먹었던 조지는 미끄럼틀을 타자마자 너무 신나게 내려왔고, 아빠는 너무 높아서 살짝 당황스러워했답니다. 아빠의 당황한 모습에 웃음이 터져요.

Hmm, it's a bit high, George. 흠, 좀 높은데, 조지.
Are you sure you want to have a go? 너 정말 탈 거야?
Don't worry, George. I'll come up with you.
걱정하지마, 조지. 아빠가 따라갈게.

놀이공원에 가면 키 120cm 이하의 아이는 보호자 동반인 경우가 대부분인데요, 가족이 함께 타는 대표적인 놀이 기구는 관람차가 아닐까 싶어요. 높이 올라가서 놀이공원의 전경을 바라보고 경치를 느끼며, 아이 어깨를 포근히 감싸 안았던 기억이 나는 관람차. 놀이공원의 추억을 영어 그림책으로 한 번 더 느끼게 해주세요.

마술 연필만 있다면 뭐든지!

『Bear Hunt』

글, 그림 Anthony Browne

이 책은 제가 개인적으로 너무 좋아하고, 영어 그림책 수업에서도 반응이 뜨거웠던 책이에요. 작가 앤서니 브라운 사인을 받을 때도 수많은 책 중에서 고심 끝에 이 책을 골라서 가지고 갔으니까요. 하얀 털옷을 입은 작고 귀여운 꼬마 곰이 마술 연필을 가지고 신기한 이야기들을 펼쳐나갑니다. 쓱쓱 연필이 가는 대로 살아 움직이는 마법 같은 일이 벌어지는데요, 꼬마 곰은 마술연필로 무엇을 그릴까요?

홀로 산책하던 꼬마 곰에게 두 명의 사냥꾼이 나타나요. 똑같이 생긴 것 같지만, 자세히 보면 콧수염 색이 달라요. 다른 그림 찾기를 하듯 아이들은 사냥꾼을 구별하는 것도 좋아해요. 여유롭게 걸어가는 꼬마 곰에게 넥타이를 맨 풀잎들과 입이 달린 나뭇잎은 사냥꾼이 위험하다고 말하는 듯합니다. 정글 식물들 모두 꼬마 곰을 지켜보고 있어요.

오늘도 육퇴 후 고민하는 당신에게

이런, 사냥꾼이 그물망으로 꼬마 곰을 잡으려고 해요! 꼬마 곰은 재빨리 연필을 움직입니다. 무엇이 그려질까요? 휴… 기다란 줄을 그려서 사냥꾼의 발이 걸려 넘어지게 했어요. 아무 일도 없었다는 듯이 다시 길을 걸어가는 꼬마 곰, 이번에는 또 다른 사냥꾼이 살금살금 밧줄을 들고 다가옵니다. 위험한 숲, 꼬마 곰은 과연 무사히 빠져나갈 수 있을까요? 꼬마 곰을 따라 숲길을 걸어가며, 감정을 실어 다급한 목소리로 외쳐보아요.

Look Out! Look Out Bear! 조심해! 조심해!
Well done, Bear! 잘했어, 아기곰!
Run, Bear, run! 뛰어, 곰아, 뛰어!
Look up Bear! 위를 봐!

 예쁜아기곰 tip

앤서니 브라운의 Shape Game을 알려드릴게요.

‘Shape Game’ – The first person draws a shape – any shape, it’s not supposed to be anything, just shape. The next person has to change it into something.

  먼저, 첫 번째 사람이 아무 모양이나 그림을 그려요. 다음 사람이 그 모양을 이용해서 뭔가 의미 있는 그림을 그려 완성하는 게임입니다. 꼭 둘이 하지 않더라도, 그림책 뒷면에 이미 제시된 그림을 활용해서 혼자 완성해 볼 수도 있습니다. 아래 사진은 『A Bear-y Tale』의 뒷부분으로 아이가 6살 때 했던 활동이에요. 아이들의 상상력이란 정말 무궁무진하지요? 주어진 모양을 '모이를 먹는 새'와 '무서운 늑대'로 변신시켰어요.

(1) 모이를 먹는 새

(2) 무서운 늑대

💡 **More Books** Shape Game 기반 영어 그림책

오늘도 육퇴 후 고민하는 당신에게

2. 상상력도 연습이 필요해

  30년 이상 영재학습을 연구한 미국 심리학 박사 Donna Matthews 와 Joanne Foster는 '창의성은 불안정하고 불확실한 세상에서 성공과 성취를 위한 필수적인 도구이다.'라고 말합니다. 각자의 성공 기준에는 차이가 있지만, 삶의 성취와 만족을 위해 무언가를 이루려 한다면 이제 창의성은 필수가 되었습니다. 앞으로 우리 아이들이 살아갈 미래를 잠시 떠올려 볼게요. 4차 산업혁명이 가져온 새로운 기술이 낯설지 않을 시대입니다. 대표적인 몇 가지를 얘기해 보면 인공지능(AI), 클라우드, 로봇, 사물인터넷, 빅데이터 같은 새로운 기술이 있습니다. 벌써 우리 삶에 자연스럽게 스며들고 있고, 이런 급속한 변화는 삶의 생활 방식이나 가치관, 심지어 문화까지도 빠르게 변화시키고 있지요. 이제 단순한 지식 기반의 사회는 끝났습니다. 정보의 홍수라고 하죠. 넘쳐나는 정보 속에서 유용한 정보를 골라내고 판단할 수 있는 능력이 요구되는 시대가 왔어요. 새로운 것을 찾아내고 해결할 수 있는 사람이 인정받게 되는 시대입니다. 인공지능이 더욱 발달하게 되면, 창의성은 어떻게 될까요? 이 분야의 전문가들은 기술이 발달하여 삶이 편리해진다면, 창의성으로 인해 삶이 풍요로워지는 시대가 오게 된다고 말합니다. 우리 아이들은 '코로나19' 같은 위기가 일상화되는 불확실성의 시대에 살아가게 될 거예요. 창의성이 더욱 필요한 능력이 되고, 주목받는 시대가 되는 것이지요. 어렸을 때부터 다양한 경험을 지원해 주고, 새로운 관점으로 생각하는 연습을 하게 해주세요. 상상력도 연습이 필요합니다. 상상력을 자극할 수 있는 환경을 마련해 주고, 다각도에서 생각할 기회를 주는 것이 부모가 줄 수 있는 선물이라고 생각해요. 우리가 아이를 대신해서 모든 것을 생각해 줄 수는 없잖아요? 생각하는 힘을 기를 수 있도록, 어려서부터 상상력과 창의성이 어렵지 않도록 익숙하게 해주세요.

영어 그림책을 통한 사고력 확장은 유아 시기에 창의성을 기를 수 있는 현명한 방법이에요. 모든 경험을 직접 경험으로 할 수 없다면, 어쩌면 유일한 방법일 수도 있습니다.

오늘도 육퇴 후 고민하는 당신에게

나무집에 불이 났다고?

『Changes Changes』

글, 그림 Pat Hutchins

Wordless Picture Book(글자 없는 그림책)을 보셨나요? 말 그대로 책 속에 그림만 있고 글자가 없습니다. 어떻게 읽어야 할까요? 그림만으로도 스토리가 구성되기 때문에 상상력을 발휘하여 충분히 읽을 수 있어요. 아이와 함께 그림을 보며 이야기를 나눌 수도 있고, 아이에게 '만약 네가 작가라면 어떻게 이야기를 쓰고 싶어?' 하고 장면에 대해 생각할 수 있도록 질문을 던져주는 것도 좋아요. 책에 말풍선 모양의 포스트잇을 붙여서, 만화 형식으로 어떤 말을 할지 상상해서 붙여보는 것도 재미있어요. Pat Hutchins(팻 허친스)는 영국의 그림책 작가로 글자 없는 그림책 이외에도 아이들이 재미있게 읽을 수 있는 50권 이상의 그림책을 썼어요. 대표적인 작품으로는 『Titch』, 『The doorbell Rang』, 『Rosie's Walk』 등이 있습니다. 작가의 책을 찾아보는 것도 잊지 마세요.

한 남자와 여자가 영차영차 힘을 합쳐 나무집을 짓고 있어요. 부부일까요? 친구일까요? 남매일까요? 정답은 없습니다. 글자 없는 그림책이니까요. 집이 완성되었다고 생각할 무렵, 문 쪽에 불이 났습니다. 어떻게 하죠? 점점 불길이 거세지고 있어요. 아무런 글자가 없지만, 책장을 넘기면서 변화하는 장면마다 공기의 흐름이 다름이 느껴져요. 주인공의 표정과 행동에서 당황스럽고 다급함을 생생하게 느낄 수 있어요. 119에 전화해야 할까요? 불이야! 소리쳐야 할까요? 우리 아이들이라면 이런 상황에서 어떻게 할까요? 바로 책장을 넘기기 전에 아이와 어떻게 하면 좋을지 이야기 나누며 다음 장면으로 넘어가 보세요. 1장에서 말씀드린 예측 하며 읽어보는 방법을 적용해 보세요. 사실 저는 틀에 박힌 어른으로 119 구조대가 가장 먼저 떠올랐답니다. 나무 블록이 변신할 거라곤 생각하지 못했어요. 주인공은 침착하게 나무 블록을 소방차로 변신시킵니다. 초록색과 주황색 녹색 기둥은 긴 호스가 됩니다. 둘이 힘을 합치지 않으면 이겨낼 수 없는 상황, 아이와 이야기 나눌 수 있는 장면들이 너무 많지요? 책을 여러 번 보다 보면, 볼 때마다 하고 싶은 이야기들이 달라지기도 해요. 글자 없는 책의 매력입니다.

 예쁜아기곰 tip

유아 시기에 소근육 발달 놀이로 블록 놀이를 추천해요. 다양한 이야기를를 만들기도 하고, 한 장면을 표현해 보는 것도 좋아요. 작은 상자나 박스, 요구르트병, 요플레 통 등을 이용하여 만들어 볼 수도 있습니다. 쉽게는 색종이를 다양한 모양으로 오려서 이야기를 꾸며볼 수도 있어요.

오늘도 육퇴 후 고민하는 당신에게

잃어버린 내 장난감

『The Boy and the Airplane』

글, 그림 Mark Pett

앞서 소개한 글자 없는 그림책 어떠셨어요? 내가 글 작가가 될 수 있는 묘미에 빠져보셨나요? 상상력을 자극하고, 생각 주머니가 커지는 따뜻한 이야기를 하나 더 소개하려고 해요. 페이지를 넘기며 주인공이 되어보세요. 선물을 받았을 때의 기쁨과 설렘, 갖고 놀던 장난감을 잃어버렸을 때의 슬픔과 속상함, 무언가의 기다림, 다시 찾았을 때의 행복함, 그리고 배려심까지. 그림을 통해 이 모든 감정을 느낄 수 있습니다. 감탄과 함께 새로운 경험을 하게 될 거예요.

비행기를 선물로 받은 한 아이가 있어요. 신이 난 아이는 여기저기 비행기를 날려보지요. 그러다가 그만! 높은 지붕 위로 비행기가 올라가고 말아요. 손이 닿지 않는 곳으로 올라간 장난감 비행기, 어떻게 꺼낼 수 있을까요? 결국, 어른이 되어서야 찾을 수 있게 되는데요. 그사이에 어떤 일이 있었는지 책으로 확인해 보세요.

☀ More Books 글자 없는 그림책

Wordless Picture Book!!

오늘도 육퇴 후 고민하는 당신에게

조약돌 이야기

『On My Beach There are Many Pebbles』

글, 그림 Leo Lionni

일상속에서 무심코 그냥 지나쳤던 사물들을 유심히 살펴본 적 있나요? 당연하게 생각하던 것들도 나만의 시각으로 바라보면 새로운 무언가를 발견하게 됩니다. 언젠가 '남들이 보는 똑같은 시각보다는 새롭게 바라보는 시각이 많을수록 세상이 달라진다.'라는 말을 들어본 적이 있어요. 아이들의 무한한 상상력과 창의력, 관찰력을 일상 속에서 키워주세요. 앞으로의 미래가 얼마나 풍요로워질지 기대됩니다.

바닷가에서 흔히 볼 수 있는 평범한 돌멩이가 옹기종기 모여있어요. 천천히 가만히 들여다보면, 어느 것 하나 똑같은 돌멩이는 없습니다. 색도, 모양도, 크기도 정말 다양해요. 흑백의 잔잔한 세밀화 그림으로 섬세하게 나타내어 돌멩이 모양을 더 집중해서 볼 수 있습니다.

On my beach there are many pebbles. 바닷가에는 조약돌이 많아요. Most are ordinary pebbles but some are strange and wonderful. 대부분은 평범한 조약돌이지만 몇몇은 이상하고 멋지기도 하지요.

하나씩 떨어져 있을 때와 함께 모여 모양이 만들어질 때 또 다른 모습이 됩니다. 마치 우리 아이들 같기도 하네요. 혼자 놀 때와 친구들과 있을 때, 다른 모습처럼이요. fishpebbles 물고기 조약돌, goosepebbles 거위 조약돌. 책에 나오는 다양한 조약돌을 보면서 아이만의 생각으로 새로운 이름을 지어보세요. 같은 돌이라도 아이마다 이름을 다르게 지어줄 수 있어요. 5세 수업 중에 이 책을 읽어 준 적이 있어요. 하트 모양 조약돌을 보고 대부분 아이들은 heartpebble이라고 했지만, 한 친구가 lovepebble이라고 말했던 기억이 나요. 신선하지요? 다양한 조약돌 속에서 찾기 놀이도 인기 만점이에요. 마치 숨바꼭질하듯 보석 같은 조약돌이 놓여있거든요. 작가는 아이들에게 이야기하는 듯이 책을 마무리합니다.

Why don't you go out on my beach and look for other pebbles? 바닷가에 가서 다른 조약돌을 찾아보는 건 어때?

여름 휴가의 조약돌 작품

오늘도 육퇴 후 고민하는 당신에게

앗, 조지가 작아졌어요
『George Shrinks』
글, 그림 William Joyce

'획기적인 아이디어가 필요해', '생각의 전환을 해보자', 이런 말 해본 적 있으신가요? 규칙과 틀에서 벗어나, 다른 방향으로 사고를 바꿔보는 거예요. 생각의 전환은 처음에는 쉽지 않을 수 있어요. 하지만 경험과 연습을 통해 발전할 수 있고, 창의성에 한 발 더 다가갈 수 있습니다. 코로나 시기에 있었던 학교 전면 등교 금지와 화상 수업, 불과 몇 년 전만 해도 상상이나 했던 일일까요? 급변화는 사회에서 창의적인 발 빠른 대처는 살아남기 위해 필수가 되었습니다. 무한한 상상의 나래를 펼칠 수 있는 그림책의 세계에서 생각의 전환을 연습해 보세요.

어느 날 조지는 몸이 작아지는 꿈을 꾸어요. 그런데 잠에서 깨어나 보니, 꿈이 아니라 사실이었어요. 이런 일이 벌어질지 모른 채, 부모님은 조지가 해야 할 일을 쪽지로 남겨놓고 외출하십니다. 손가락만큼이나 작아진 조지는 쪽지에 적힌 일들을 과연 해낼 수 있을까요? 첫 페이지의 글자 크기가 점점 작아지는 것부터 조지가 줄어든 것을 실감할 수 있어요. 책을 읽어주는 목소리 크기도 글자 크기에 맞춰 조절해서 읽어주면, 훨씬 재미있어요. 소곤소곤 조심스럽게 엄마, 아빠의 쪽지를 읽어볼까요?

'Dear, George, when you wake up, please make your bed, brush your teeth, and take a bath…' 조지에게, 일어나면 침대 이불을 정리하고, 양치하고, 목욕도 하렴….

작아진 조지에게 집안의 모든 물건이 엄청나게 크게만 느껴져요. 키보다 더 큰 칫솔을 양손으로 들고 양치하고, 목욕할 때 가지고 놀던 장난감 배 위에 올라타 보기도 하네요. 설거지도 해야 하는데, 몸집마다 큰 접시를 어떻게 닦을까요? 생각보다 집안일을 척척 잘 해내는 조지, 그때 고양이가 달려드는 위험한 순간이 닥치게 됩니다. 한 편의 영화를 보는 듯한 긴박함을 느껴보세요.

 예쁜아기곰 tip

상상력과 창의력을 자극하는 대화, 아이와 함께 '만약에' 대화해보세요. 상상력과 창의력을 자극하는 동시에 아이의 마음도 엿볼 수 있는 일석이조 게임이에요. '만약'이라는 두 글자는 아이를 생각하게 합니다.

오늘도 육퇴 후 고민하는 당신에게

① 책에 나온 상황과 주제를 놓고, 일어날 일을 상상해 봅니다. 그림으로 표현해도 좋아요.

예) 『George Shrinks』를 읽고 나서, 만약에 조지처럼 작아진다면 우리 집에서는 어떤 일이 일어날까?

② 책과 비슷한 상황으로, 어떤 다른 일이 일어날 수 있을지 생각해 봅니다. 만약에 'OOO'이 일어난다면? 상상력으로 'OOO'을 다양하게 생각해 볼 수 있어요.

예) 만약에 '엄마, 아빠가 작아진다면?' '칫솔이 말을 한다면?' '조지가 원래 모습으로 돌아오지 않는다면?'

무엇이 될까?

『Tomorrow's Alphabet』

글 George Shannon, 그림 Donald Crews

때로는 이미 답이 정해져 있을 때가 있어요. 하지만 그 답을 찾기 위해 다양한 생각을 하지 않으면, 알 수가 없지요. 한 장면을 보고, 다른 것을 연상하고 유추해 보는 사고력이 필요합니다. 이 책은 아이들에게 친숙한 알파벳을 주제로 해요. 과거와 현재, 현재와 미래의 시간 개념까지 생각하게 하는 재미있고 기발한 알파벳 영어 그림책입니다. 책의 오른쪽 페이지, Tomorrow's 부분을 가리고 천천히 생각해 보면서 아이와 함께 읽어보세요.

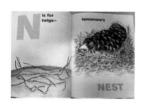 

N is for twigs , tomorrow's NEST
W is for stones , tomorrow's WALL

오늘도 육퇴 후 고민하는 당신에게

『Once Upon a Memory』현재를 보면서 과거를
생각해 보는 마음이 따뜻해지는 책입니다.

:'Ò'- **More Books** 알파벳 영어 그림책

공원에 상어가 나타났다고?

『Shark in the Park』

글, 그림 Nick Sharratt

‘나무를 보지 말고 숲을 보라.’ 살면서 한 번쯤은 들어본 말이죠? 우리 아이들에게도 ‘숲을 보는 눈’을 길러주고 싶어요. 눈앞에 보이는 것이 전부가 아닌 더 넓은 세상이 있다는 걸 알게 해주고 싶습니다. 영어 그림책을 통해 사고를 확장하고, 다양한 방법으로 폭넓게 생각하는 안목을 기르는 것을 어려서부터 재미있게 연습해 볼 수 있어요. 공원에 상어가 나타났다는 얼토당토않은 기발한 이야기로 시작이 돼요. 정말 상어였을까요?

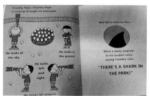

주인공 Timothy(티모시)는 망원경으로 공원 여기저기를 둘러보고 있어요. 가까이도 보고, 멀리도 보고, 위로 아래로 새로 산 장난감을 가지고 신나게 놀고 있습니다. 처음으로 망원경을 접했을 때, 신기해서 한참을 가지고 노는 아이의 모습이 마치 우리 아이들 같아 더욱 공감

오늘도 육퇴 후 고민하는 당신에게

되는 책이랍니다. 짧고 간결한 문장들이 반복되고, 아이의 행동과 매칭되면서 발화하기 좋습니다. 아이가 직접 동작을 하면서 말해볼 수 있게 해주세요. 수업에서도 인기 만점이랍니다.

He looks at the sky. He looks at the ground.
티모시는 하늘을 봐요. 티보시는 땅을 봐요.
He looks left and right. He looks all around.
티모시는 왼쪽과 오른쪽을 보지요. 티모시는 사방을 보아요.

망원경을 가지고 놀던 티모시 눈에 상어가 보여요. 평화로운 공원에 정말 상어가 나타난 걸까요? 책에 난 동그란 구멍으로 보이는 상어 지느러미, 호기심이 극대화되는 순간이에요. 빨리 넘겨보라고 소리를 지르기도 하지요.

THERE'S A SHARK IN THE PARK! 공원에 상어가 나타났어요!

사실, 티모시가 망원경으로 본 것은 바로 고양이 귀였답니다. 이런 패턴으로 스토리가 이어져요. 좀 더 길었으면 좋았겠다는 아쉬움이 남을 만큼 재미있어요. 다음 장면에서 티모시는 또 공원의 어떤 장면을 보고 상어라고 소리칠까요? 책의 마지막 페이지는 아이가 생각할 수 있게 되어있습니다. 정말 공원에 상어가 있었던 걸까요? 그림책에는 정답이 없어요. 아이들이 마음껏 상상하고 생각하게 해주세요.

무심코 버리는 휴지심이나 키친타월 심으로 망원경을 만들어 보세요. 주변의 사물을 관찰하기도 하고, 책에 망원경을 대고 일부만 보일 때 어떤 모습인지 확인해 보기도 해요. 어린 친구들은 망원경을 만드는 활동만으로도 흥미롭지만, 5세 이상 친구들은 망원경 놀이를 통해 일부와 전체를 비교해 보며 사고력이 확장됩니다.

telescope

오늘도 육퇴 후 고민하는 당신에게

3. 힐링은 가까운 곳에

　따스한 햇살과 살랑이는 바람에 콧노래가 저절로 나오는 그런 기분을 느껴본 적 있으세요? 길가에 피어난 이름 모를 예쁜 꽃이 너무 예뻐 한참을 쳐다보게 되고, 알록달록 옷을 갈아입는 낙엽을 보며 가을에 푹 빠진 적은요? 봄, 여름, 가을, 겨울 각 계절이 주는 자연의 아름다움을 온몸의 살아있는 세포로 느껴봐요. 일상이 지치고 힘들 때, 자연은 늘 우리 곁에 있어요. 멀리 가지 않아도 잠시 고개를 들고 하늘만 봐도 힐링이 되는 순간들이 많아요. 아이와 함께 마음의 자연을 바라보는 마음의 여유를 느끼시길 바랍니다.

　자연과의 힐링에서 한발 앞서 이런 게 있어요. 환경과 건강을 함께 생각하는 Plogging(플로깅)을 들어보셨나요? 단순히 자연을 바라보기만 하지 않고, 환경을 생각하며 운동도 함께 하는 것인데요. 2016년 스웨덴에서 시작되었어요. 스웨덴어의 Plocka Upp(줍다)와 Jogga(조깅하다)의 합성어로 조깅하면서 쓰레기를 줍는 것을 말합니다. 최근 트렌드로 연예인들이 참여하고, 일반인도 소모임으로 확산하는 모습을 볼 수 있어요. 얼마 전 아이 학교에서 기획된 '탄천 살리기 플로깅 봉사활동'이 있었어요. 자연과 함께 살아가는 소중함도 느끼고, 힐링도 되는 시간이었답니다. 탄천 길을 따라 혹은 공원을 거닐며, 자연을 느끼고 건강과 환경을 동시에 챙길 수 있는 플로깅, 아이와 함께해보는 건 어떨까요?

오늘도 육퇴 후 고민하는 당신에게

나무가 최고야

『A Tree is Nice』

글 Janice May Udry, 그림 Marc Simont

사계절마다 다른 모습으로 묵묵히 자리를 지키고 있는 나무가 있습니다. 거리의 가로수, 공원의 휴식처, 아파트 단지의 조경만으로도 힐링이 돼요. 꽃이 피는 나무를 보면 또 어찌나 신기한지요. 조그마한 꽃봉오리가 나뭇가지에서 피어나고 어느새 활짝 예쁜 꽃이 피어요. 여름에는 파릇파릇 보기만 해도 시원한 울창한 숲이 생각나고요. 겨울에 눈이 오면, 나뭇가지에 소복이 내려앉은 눈꽃이 그렇게 아름다울 수가 없어요. 다른 책들과는 달리 세로로 길쭉한 표지가 눈에 띄는 책이 있습니다. 마치 키가 큰 나무를 상징하는 것 같아요. 표지와 제목만 봐도 나무가 주인공임을 알 수 있지요. 1957년 칼데콧 수상작인 이 책은 나무와 우리 삶이 어우러지는 모습을 따뜻하게 그려내고 있습니다.

Trees are very nice. They fill up the sky. 나무는 좋아요. 하늘을 가

득 **채우지요**.라는 문장으로 이야기는 시작해요. 하늘을 뒤덮은 울창한 숲부터 언덕 위의 나무, 심지어 나무 한 그루의 모습까지 섬세하게 표현하고 있어요. 무심코 지나쳤던 나무 한 그루를 책 속에서 마주하니 또 다른 모습으로 느껴집니다. 마치 무더운 여름, 바람 솔솔 부는 나무 그늘에 앉아 있는 것처럼 편안해지는 순간이에요. 계절에 따라 변화하는 나무의 모습과 우리의 일상도 빼놓을 수가 없지요. 책에 나오는 표현들은 한 편의 시 같아요.

The leaves whisper in the breeze all summer long.
나뭇잎들은 여름 내내 산들바람에 속삭여요.
In the fall, the leaves come down and we play in them.
가을에는 나뭇잎이 떨어지고, 우리는 그 안에서 놀아요.
We walk in the leaves and roll in the leaves.
우리는 나뭇잎을 걷고, 나뭇잎 속에서 뒹굴기도 하지요.

　나무가 주는 그늘과 여유로움, 우리 평소 생활과 같은 모습을 그림책으로 만나기에 더욱 공감돼요. 아이가 한 그루의 나무를 심는 모습으로 이야기는 마무리됩니다. 아이와 함께 꼭 읽어보세요. 그림책을 읽는 내내 숲에서 힐링하는 기분이에요. 캠핑이나 자연으로 산책 다녀온 후 읽어도 좋고요. 식목일에 나무의 소중함을 알려주기에도 좋은 책이에요.

 예쁜아기곰 tip

① 떨어진 나뭇가지를 주워서 나만의 나무 작품을 만들어 보세요. 나뭇가지를 주워보면서 자연을 한 번 더 관찰하게 돼요. 나뭇잎을 물감이나 크레파스, 색종이로 표현해 보아요.

② 가을에는 예쁘게 물든 알록달록 낙엽을 주워서 꾸미기 활동해 보아요.

 More Books 함께 읽으면 좋은 책

 『The Giving Tree』 아낌없이 주는 나무

지구야, 고마워

『The Earth and I』

글, 그림 Frank Asch

앞에서 말씀드린 플로깅을 기억하시나요? 이 책은 아이들의 눈높이에 맞게 지구와 나를 친구로 생각하고, 특별한 우정 이야기로 풀어낸 영어 그림책이에요. 환경에 대해 다시 생각해 보고, 자연이 주는 고마움을 느낄 수 있습니다. 여러분에게 친구란 어떤 존재인가요? 아이들과 함께 '지구가 내 친구라면?'이라고 생각하고 책을 읽어보세요. 우리가 살아가고 있는 지구에 대한 생각이 달라질 거예요. **The earth and I are friends. 지구와 나는 친구예요.** 로 시작하는 특별한 우정 이야기, 함께 볼까요?

 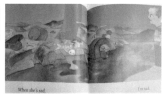

여느 친구 사이처럼, 주인공 아이는 자연과 함께 산책하고, 뒷마당에서 흙 놀이를 해요. 서로 돕기도 하고, 노래를 불러주고, 춤을 추고 놀기도 하지요. 지구와 친구라면 어떻게 이런 일이 가능할까요? 그림

84

을 통해서 지구와 친구가 되는 모습을 한눈에 볼 수 있어요. 영어 그림책이기에 가능한 신비한 매력을 느끼실 수 있답니다.

I help her to grow. She helps me to grow.
나는 지구가 자랄 수 있도록 도와줘요. 지구는 내가 자랄 수 있도록 도와주지요.
I sing for her. She sings for me.
나는 지구에게 노래를 불러줘요. 지구는 나를 위해 노래를 불러주지요.
I dance for her. She dances for me.
나는 지구를 위해 춤을 춰요. 지구는 나를 위해 춤을 추지요.
When she's sad, I'm sad. 그녀가 속상할 때, 나는 속상해요.
When she's happy, I'm happy. 그녀가 행복할 때, 나는 행복해요.

　함부로 버려진 쓰레기들로 지구가 아프고 슬퍼하니까, 아이 마음도 좋지 않아요. 지구를 위해 쓰레기를 치워주고 예쁜 꽃도 심어주는 소중한 친구. 나무를 꼭 안아주면서 은은한 달빛 아래 특별한 우정 이야기는 따뜻하게 끝이 납니다.

 More Books 작가 Frank Asch의 자연 소재 책

 예쁜아기곰 tip

① 나도 작가처럼! 아이들이 좋아하는 물감 놀이로 내 친구 '지구'를 예쁘게 그려보세요. 물감으로 부드럽게 표현되는 수채화로 작가 프랭크 애쉬처럼 표현할 수 있어요.

② 자연을 소재로 한 다른 책도 읽어보고, 지구와 자연을 위해 실천할 수 있는 일이 무엇이 있을지도 함께 이야기 나눠보세요.

물감놀이로 나도 작가처럼!

눈 오는 날을 기다려요

『Snow』

글, 그림 Uri Shulevitz

'엄마, 눈은 언제 와요?' 겨울이 되면 눈 내리는 날을 기다려요. 뉴스에서도 빼놓지 않고 첫눈 소식을 전하고 어른, 아이 할 것 없이 반갑게 첫눈을 맞이하지요. 눈이 조금밖에 안 오거나 사르륵 녹아내리면 아이들은 엄청나게 아쉬워해요. 온 세상이 하얗게 눈 덮인 풍경을 즐겨보세요. 단 하루만 이라도, 이날만큼은 아이와 함께 눈사람도 만들고, 뽀드득뽀드득 발자국도 찍어보고, 내가 아이가 된 것처럼 함께 놀아보세요. 힐링 육아는 아이와 함께 행복을 만들어가는 거예요. 그럼, 도시의 첫눈을 만끽하는 주인공 아이와 강아지와 함께 눈 오는 날 동심의 세계로 빠져볼까요?

하늘과 지붕이 점점 회색빛으로 변하고, 도시 전체가 어두워지더니 눈송이가 하나, 둘 내리기 시작합니다. 눈이 내리기 시작할 때 여러분

들은 어떤 반응을 보이시나요? 차가 밀릴까 걱정부터 되세요? 아니면 아이들과 놀 생각에 설레세요? 아이는 이렇게 말해요. **It's snowing 눈이 와요. 어른들은요? It's only a snowflake. 그냥 눈송이일 뿐이야. It's nothing. It'll melt. 별거 아니야. 녹을 거야.** 시큰둥한 어른들의 반응이 어찌 보면 현실적이에요. 일기예보에서도 눈이 오지 않을 거라고 이야기합니다. 하지만 아이와 강아지의 마음을 아는 듯이 눈이 펑펑 내리기 시작해요. 눈 내리는 모습을 아이 관점에서 재미있게 표현하고 있습니다. 이 책에서 또 다른 재미는 '**MOTHER GOOSE BOOKS 마더구스 서점**'이 나오는 장면이에요. 서점에 있던 험티덤티, 달님마녀, 거위들이 눈이 내리면서 표정이 점점 밝아지고 밖으로 나와 함께 춤을 춰요. 아이의 마음을 헤아려주고 함께 눈 내리는 날을 즐기는 이 캐릭터들은 누구일까요? 바로 마더구스의 주인공들이에요. 영미 문화권의 구전동화, 마더구스 이야기도 함께 읽어보세요.

색종이를 세모로 여러 번 접고 오려서, Snowflake(눈송이)를 만들어 보세요. 접는 횟수와 오리는 방법에 따라 다양한 눈송이가 만들어져서 아이들이 신기해해요.

오늘도 육퇴 후 고민하는 당신에게

More Books눈 오는 날 추천 도서

아기 구름의 멋진 변신

『Little Cloud』

글, 그림 Eric Carle

'우와 하늘 좀 봐!' 자신도 모르게 입 밖으로 감탄이 나올 때가 있어요. 하늘에 두둥실 펼쳐진 구름이 너무 아름답고, 풍덩 빠져들 것 같은 드높은 하늘. 지친 일상에서 그런 하늘을 만나면, 그래 힘을 내보자! 기분이 좋아지기도 해요. 어떤 때는 느리게 천천히 움직이는 구름을 바라보면, 뭔가 속삭이는 것 같은 기분이 들 때도 있고요. 창문으로 바라본 햇살 가득한 구름, 바다와 함께 바라본 솜사탕 같은 구름, 숲과 어우러진 청명한 구름, 금방이라도 비가 올 것 같은 먹구름, 아이들과 다양한 구름 이야기를 나눠보세요. 어떤 모양으로 변할지 모르는 요술쟁이 구름의 이야기로 함께 떠나 볼까요?

평화로운 어느 마을에 구름 떼가 하늘 위로 둥실 떠다니고 있습니다. 다른 구름은 모두 하늘 위로 올라가는데, 작은 구름만 혼자 아래

오늘도 육퇴 후 고민하는 당신에게

로 내려와요. 지붕 위에 살포시 앉아 혼자 남겨진 작은 구름은 무슨 생각을 할까요? 길을 잃은 걸까요? 하늘을 둥둥 떠다니며 느꼈던 아기 구름의 생각 여행이 펼쳐집니다. 아기 구름은 평소에 보고, 느꼈던 것을 구름 모양을 바꾸면서 여행해요. 마치 요술쟁이 같아요.

Little cloud changed into an airplane.
아기 구름은 비행기로 변했어요.
Little cloud often saw airplanes flying through the clouds.
아기 구름은 구름 사이로 날아가는 비행기를 자주 본 적이 있거든요.

 rabbit, hat, shark, airplane, trees… 아기 구름이 변하는 모양에는 나름의 이유가 있습니다. 아무 모양이나 변하는 것이 아니에요. 신기하게도 그것은 바로 아기 구름의 경험에서 비롯되지요. '언젠가 본 적이 있어서, 그렇게 하는 것이 좋아 보여서, 그게 맞는 것 같아서…' 아기 구름의 참신한 생각들이 요술쟁이로 될 수 있었던 건 아닐까요? 우리 아이들도 언젠가는 구름 떼에서 홀로서는 아기 구름처럼 인생을 살아갈 것에요. 그때, 어린 시절에 많이 보고 느꼈던 소중한 경험들이 인생의 힘이 되는 밑거름이 될 것입니다.

 예쁜아기곰 tip

① 하늘의 구름을 보면서 어떤 모양으로 보이는지 이야기 나눠보세요. 아이들의 상상력으로 기대 이상의 답이 나오기도 해요.

② 하늘의 구름 꾸미기 활동을 해요. 하늘에서 직접 봤던 구름을 표현해 봐도 좋고, 내가 상상한 하늘을 꾸며보아도 좋아요. 내가 아기 구름이라면, 어디에 가고 싶은지 어떤 모양으로 변하고 싶은지 생각해 보고 구름을 꾸며보세요. 구름은 화장 솜이나 탈지면을 추천합니다. 풀로 쉽게 붙고, 모양도 잘 변해요.

6세 수업 활동 - 내가 아기 구름이라면

⑴ 물고기가 되어 바다를 수영하고 싶어요.
⑵ 하늘의 구름이 되어 둥둥 구름처럼 여행하고 싶어요.
⑶ 구름 떼에서 따로 떨어져도 다른 모습으로 변하고 싶지 않아요.
⑷ 동물원에 갔을 때 구름이 너무 예뻤던 게 생각나요.

오늘도 육퇴 후 고민하는 당신에게

비 오는 날의 일상

『Blue on Blue』

글 Dianne White, 그림 Beth Krommes

'어이구, 날구지 한다' 이런 말 들어보셨나요? 유난히 육아가 지치고, 아이도 힘들게 하는 그런 날이요. 이 책을 처음 봤을 때, '비 오는 날 읽어주면 좋겠네!'라고만 생각했는데, 뜻밖의 공감에 마음 한구석이 뭉클해졌던 기억이 납니다. 갑자기 쏟아지는 비에, 아기는 천둥소리가 무서운지 엄마 품에 안겨 울고 있고, 첫째 아이는 귀를 막고 혼자 앉아 있는 장면이 있어요. 네 살 터울 남매를 키우던 그때, 이 모습이 어찌나 공감이 가던지요. 마치 육아에 지친 내 마음을 어루만져주는 것 같았어요. 어둑한 하늘과 쏟아지는 빗소리, 한편으로 느껴지는 차분함과 비 온 뒤의 맑은 하늘, 이 책은 각 장면을 한 편의 시처럼 나타내고 있습니다.

어느 햇살 좋은 날이에요. 엄마는 마당에 빨래를 널고 아이는 줄넘

기하고, 아기는 배시시 웃으며 돗자리에 앉아 있어요. 동물들도 신나서 뛰노는 평화로운 아침이에요. 그러다가 바람이 불어오고 공기는 점점 차가워지더니, 날이 어두워지기 시작해요. 어두워진 창밖엔 천둥 번개와 비바람이 몰아치고, 아빠는 농장 동물을 마구간 안으로 들여보내요.

Thunder! Lightening! Raging, roaring.
천둥! 번개! 거세게 몰아치는, 우르르 쾅쾅 소리
Rain on rain on rain is pouring. 비가 억수같이 쏟아져요.

빗줄기가 가늘어지자 아이는 우산을 쓰고 장화를 신고 나가봐요. 후드득 떨어지는 비를 느끼는 아이, 마치 그림책에서 빗소리가 들리는 듯해요. 날씨는 변덕쟁이 같아요. 언제 비가 왔냐는 듯 날이 맑아졌거든요. 아이는 강아지와 진흙 놀이도 하고, 해가 지고 저녁이 되어 온 세상이 평온한 밤을 맞이하네요. 기나긴 하루였던 것 같아요.

Winds shift. Drops drip. 바람이 불고, 빗방울이 떨어져요.
Drip, drop! Drip, drop! 한방 울 한방 울 떨어지는 소리, 똑딱똑딱!
Slowly… slowly…slowly… Stop! 천천히…천천히… 그러다가 멈춰요!

① 비 오는 날, 비 오니까 나가지 않는 게 아니라 아주 잠깐이라도 장화 신고 우산 쓰고 비 오는 날을 느끼게 해주세요. 비가 오는 날에 뭐가 달라지는지, 빗소리도 들어봐요. 달팽이, 지렁이, 첨벙거리는 웅덩이 등 자연을 만나는 소중한 경험이 될 거예요.

② 영어 동요 'rain rain go away'도 함께 불러보고 영어 그림책도 읽어보세요. 아는 노래를 장면으로 만나면 정말 재미있답니다.

비 오는 날의 산책

4. 우리는 가족이니까

'부모는 아이의 거울'이라는 말이 있습니다. 유치원에서 부모참여 수업을 하면 깜짝 놀라요. 외모뿐만 아니라 성격도 아이가 부모를 참 많이 닮았다는 것을 새삼스레 느끼거든요. '우리 아이가 잘할까, 왜 손을 안 들지?' 살짝 불안해하시는 부모님의 아이는 덩달아 긴장하기도 해요. 마냥 기특한 마음에 눈에 꿀 떨어지는 부모님의 아이는 자신감이 넘치는 모습이고요. 교실에 들어오면서아이처럼 밝게 인사도 해주시고, 적극적으로 대답하며 참여하시는 부모님의 아이는요? 편안하게 평소와 다를 바 없이 수업을 즐긴답니다. 지금, 우리 아이들에게 가족은 어떤 존재일까요? 꼬물꼬물 아이가 의젓한 어른이 되어 언젠가는 본인의 인생을 살아갈 시기가 올 것입니다. 삶을 헤쳐나가고 즐길 줄 아는 멋진 어른으로 성장하길 바라는 마음이에요. 부모만이 줄 수 있는 사랑과 믿음, 본보기, 가족과의 소중한 시간이 훗날 우리 아이들이 살아갈 힘이 될 것입니다. 어린 시절의 행복한 추억 많이 만들어 주세요.

금요일이 기다려져요

『Every Friday』

글, 그림 Yaccarino, Dan

바쁜 일상에서 아이와의 추억을 만든다는 것이 어렵게만 느껴지시나요? 멀리 여행을 가지 않아도 아이와의 시간을 소중하게 만드는 이야기가 있습니다. 밝고 환한 노란색 표지가 주인공 아빠와 아이의 기분을 말해주는 듯해요. 아이가 아빠 손을 꼭 잡고 걷는 모습이 보기만 해도 흐뭇해져요. 둘은 어디로 가는 걸까요? 제목처럼 금요일마다 행복한 발걸음이 기다리고 있답니다.

금요일은 아이가 가장 좋아하는 날이에요. 비가 오나, 눈이 오나, 추운 날에도 금요일이 되면 아이는 아빠와 함께 약속이나 한 듯 일찍 집을 나서지요. 호기심 많은 눈으로 거리의 상점들과 뚝딱뚝딱 공사장을 구경하기도 하면서 발걸음이 닿은 곳은 어느 한 식당이랍니다. 주문받는 종업원의 표정 하나까지도 디테일하게 표현되어 있어요. '오늘도 오

셨네요.'라는 표정으로 아이와 아빠가 무엇을 주문할지 이미 알고 있어
요.

Every Friday, Dad and I leave the house early.
매주 금요일이면, 아빠와 나는 일찍 집을 나서요.
We look at lots of things along the way.
우리는 길을 따라 많은 것을 보지요.
Everyone is rushing, but we're taking our time.
모든 사람이 바쁘게 지나가요, 하지만 우리는 우리만의 시간을 가져요.

금요일마다 아이와 아빠는 이렇게 둘만의 시간을 가져요. 식사하는
동안에 오순도순 이야기를 나누고, 특히 아빠가 아이의 말에 귀 기울
여 주는 모습이 인상적이에요. 식사를 마치고 나서는 뒷모습에서 다음
주 금요일을 기대하는 설렘이 느껴집니다.

Soon it's time for us to go. 곧 우리가 가야 할 시간이에요.
'See you next Friday!' '다음 주 금요일에 만나요!'
Already, I can't wait. 벌써, 나는 기다릴 수가 없어요.

이 책은 작가가 아들 마이클과 함께 금요일마다 함께한 특별한 아침
을 바탕으로 쓴 이야기예요. 그림책 첫 장면에 아빠와 마이클이 집을
나설 때, 엄마가 아이에게 이유식을 먹이는 장면이 나와요. 마이클에게
는 어린 동생이 있고, 금요일 오전이 온전히 아빠와 첫째와의 시간을
보내는 것을 짐작할 수 있어요.

이 책을 보고, 아이에게 특별한 일상을 선물하는 것이 어려운 일이 아니라는 생각이 들었습니다. 바로 실천해 보는 센스! 우리만의 약속을 만들기로 했지요. 바로 도서관 가기였어요. 집에서 걸어갈 수 있는 거리에 도서관이 있어서, 마음만 먹으면 언제든 갈 수 있었지만, 생각처럼 쉽지 않았거든요. 그래서 주말 아침을 우리의 도서관 나들이로 정했어요. 이날은 지하 매점에서 사탕이나 아이스크림을 조건 없이 살 수 있는 날이에요. 도서관에 도착하자마자 책을 보는 것보다 매점부터 가기도 했으니까요. 그냥 책을 빌리러 가는 날과 기분이 다르고, 주말을 기다리던 아이의 모습도 생생합니다.

 예쁜아기곰 tip

아이와 함께 일상 속의 특별한 날을 정하고, 의미 있는 시간을 만들어 보세요. 'Every Friday'처럼 이름도 지어보는 것도 좋습니다.

오늘도 육퇴 후 고민하는 당신에게

서로 아껴주는 사이

『Big Sister and Little Sister』

글 Charlotte Zolotow, 그림 Martha Alexander

결혼하고 아이를 낳고, 이제는 누군가를 돌봐야 하는 입장이 되었어요. 표지에서 직관적으로 보이듯 자매의 이야기가 펼쳐져요. 하지만 여러분이 초보 엄마라면 주인공 big sister가 되고, 아이가 little sister가 되는 관점으로 이야기가 보일 수도 있어요. 엄마가 처음인 우리에게 공감되는 이야기, 따뜻한 그림 풍의 일상으로 들어가 볼까요? 쉬운 영어 표현으로 되어있어, 읽어 내려가는데 부담이 덜 합니다.

항상 붙어 다니는 언니와 동생이 있어요. 언니는 줄넘기할 때도 자전거를 탈 때도, 심지어 학교에 가고 밖에서 놀 때도 늘 동생을 챙겨요. 가끔 동생이 울면 엄마처럼 안아주고 달래주고 코도 풀어주지요. 진짜 엄마의 모습 같지 않나요?

Big sister took care of everything, and little sister thought there was nothing big sister couldn't do.
언니는 모든 걸 돌봐주었고, 동생은 언니가 할 수 없는 건 아무것도 없다고 생각했어요.

어느 날, 동생은 언니의 잔소리도 듣기 싫고 혼자 있고 싶어서 말없이 집 밖으로 나갔어요. 동생이 스스로 할 수 있는 부분까지도 언니는 계속 말했거든요.

She was tired of big sister saying, 'Sit here.' 'Go there.' 'Do it this way.' 'Come along.' 동생은 언니의 말에 짜증이 났어요, '여기 앉아.' '저기로 가' '이렇게 하렴' '이리 와'.

늘 챙겨주지 않으면 불안한 아기 같던 동생이 언제 이렇게 커버린 걸까요? 언니는 동생이 없어진 걸 알고, 발을 동동 구르며 큰 소리로 찾아 헤맸어요. 동생은 언니 목소리가 들리지만, 풀숲에 숨어서 대답하지 않아요. 결국, 언니는 털썩 주저앉아 엉엉 울기 시작해요. 얼마나 속상할까요? 하지만 동생을 돌봐줬던 것처럼 손수건을 건네고 위로해주는 사람은 아무도 없었어요. 몰래 지켜보던 동생은 어떤 기분이 들었을까요? 결국, 동생은 살금살금 언니에게 다가가 늘 받았던 사랑처럼 언니를 안아주고 손수건도 건네줬어요. 'Here, blow.' '여기, 코 흥!' 이라는 말도 함께요. 그날부터 둘은 서로 의지하는 더 애틋한 사이가 되었습니다. 그건, 동생이 언니의 아낌없는 사랑을 보고 배웠기 때문이지요.

　여러분의 모습은 어떤가요? 쉴 틈 없는 육아 속에 아이를 돌보느라 지치기도 하고, 때로는 위로받고 싶은 언니의 마음이 공감되시나요? 동생을 보면서 혼자만의 시간을 갖고 숨고 싶은 우리 아이들의 마음도 느낄 수 있습니다.

 예쁜아기곰 tip

책에 나오는 간결한 대화체 문장들을 말해보세요. 아이와 함께 역할극으로 서로 입장을 바꿔서 해보면 재미있어요. 목소리도 상황에 맞게 바꿔보아요. 아기 목소리로 말해보거나 엄마, 할머니 목소리도 흉내 내 보세요.

동생이 생기고 나서

『Za-za's Baby Brother』

글, 그림 Lucy Cousins

동생이 태어나고 달라지는 환경에 적응해야 한다면, 이 책을 강력히 추천해요. 외동이라면 동생이 생기는 걸 상상해 볼 수 있겠지요? 아직 첫째도 어린아이인데, 이상하게 동생이 태어나는 순간 갑자기 첫째가 부쩍 다 큰 아이처럼 느껴져요. 만약 동생이 없다면, 가족들에게 첫째는 계속 어린아이처럼 느껴질지도 몰라요. 그래서 첫째, 둘째, 셋째, 외동 등 저마다 자라온 환경에 따른 성향이 있나 봅니다. 주인공 Za-za(자자)를 통해 동생이 태어나고 달라진 가족들의 모습을 함께 볼까요? 서로 함께 도와주고 이해해 주는 따뜻한 가족의 모습, 얼룩말 가족을 통해 현실적인 이야기를 그림책으로 재미있게 볼 수 있습니다.

엄마가 자자를 안아주기 힘들 만큼 배가 뚱뚱해졌어요. 곧, 새로운 가족이 생길 거예요. 할머니가 자자를 돌봐주러 오시고, 아빠는 엄마를 병원에 데리고 가요.

Dad was always busy. 아빠는 항상 바빴어요.
Mum was always busy. 엄마도 항상 바빴고요.
Mum, will you read me a story? 엄마, 이야기책 읽어 줄 수 있어요?
Later Za-za. 나중에.
Dad, will you read me a story? 아빠, 이야기책 읽어 줄 수 있어요?
Not now, Za-za. We're going shopping soon. 지금은 안돼, 자자야.
우린 곧 쇼핑하러 갈 거야'

　너무 바쁜 엄마, 아빠는 자자가 책을 읽어달라고 해도 안 된다고 하고, 쇼핑하러 가서 장난감 가게에 들르고 싶다고 해도 동생이 배고프다며 집에 가야 한다고 해요. 엄마는 너무 피곤해서 소파에서 잠들기 일쑤고요. 자자는 아기가 깰까 봐 조용히 해야 하고, 엄마도 많이 도와 드려야 하지요. 친척들이 아기를 보러 놀러 오면 자자는 혼자 놀아야 하기도 해요. 동생이 생기면서 너무나 달라진 환경, 자자 가족에게도 서서히 변화가 일어납니다. 과연 가족들은 어떤 모습이 될까요?

개성 있는 우리 가족
『My mum and Dad make me laugh』
글, 그림 Nick Sharratt

　표지를 보니, 어렸을 때 생각이 나요. 엄마 아빠 사이에서 룰루랄라 손잡고 걷다가 '하나, 둘, 셋!' 하면 하늘 위로 붕 떠 오르던 손 그네. 그때는 어찌나 재미있던지, 계속해달라고 졸라댔어요. 어른이 되니 막상 아이 팔이라도 빠질까 봐 조심스러워지네요. 알록달록 강한 색채로 유명한 작가 닉샤렛의 유쾌한 가족 이야기가 있습니다. 엄마는 동글동글 점박이 무늬를, 아빠는 길쭉길쭉 줄무늬를 좋아해요. 함께 미소 짓는 가족의 모습으로 이야기는 시작됩니다. 페이지를 넘길 때마다 각 장면의 디테일이 살아있어요.

My mum and dad make me laugh. 엄마와 아빠는 나를 웃게 해줘요.
One likes spots and the other likes stripes.
한 명은 점무늬를 좋아하고, 한 명은 줄무늬를 좋아해요.
My mum likes spots in winter. 엄마는 겨울에도 점무늬를 좋아해요.

오늘도 육퇴 후 고민하는 당신에게

엄마와 아빠가 좋아하는 spot(점무늬) 와 stripe(줄무늬)를 찾는 재미가 쏠쏠해요. 계절이 지나고 새로운 물건이 생겨도 가족의 취향은 변하지 않아요. 엄마의 수영복, 귀걸이, 안경, 가방, 심지어 가방 안에 살짝 보이는 물병에도 점박이 무늬가 있으니까요. 그러던 어느 날, 가족 모두 사파리 공원에 가요. 가족들이 입은 옷과 먹고 있는 음식을 보세요. 자동차의 모습까지, 너무 재미있어요. 그림 하나하나가 스토리와 연결됩니다. 사파리 공원에서 엄마는 어떤 동물을 좋아하게 될까요? 아빠는요? 주인공 아이는 회색 옷을 입고 왔어요. 왜 회색일까요? 엄마와 아빠 사이의 중립일까요? 마지막에 반전으로 아이의 취향이 공개됩니다. 각자의 취향이 다른 가족, 그 마음을 알아주고 존중해 주는 모습이 화목해 보여요.

 예쁜아기곰 tip

① 엄마와 아빠, 우리 가족이 좋아하는 것은 무엇인지 이야기 나눠보고 그림으로 표현해 보세요.

② 확장 활동으로 다양한 모양과 색에 대해 알아보고, 우리 가족은 어떤 것을 좋아하는지 연결할 수 있어요.

③ 책장을 넘기기 전에 앞의 이야기와 연결해서 예측하며 읽어보세요. 첫 장면의 자동차를 보면서 어디로 갈지 예측해 보는 것부터 시작해요. 동물원에 갔을 때 엄마, 아빠, 아이가 좋아하게 될 동물은 무엇일지도 생각해 봐요.

엄마가 보고 싶어

『Owl Babies』

글 Martin Waddell, 그림 Patrick Benson

'어이쿠, 엄마 여기 있는데 왜 그렇게 찾았어? 무슨 일이야?' 놀이터에서 놀고 있던 아이가 갑자기 엄마를 찾으면서 두리번거렸던 적 있나요? 부엉이 이야기를 통해 엄마가 안 보일 때, 불안해하는 아이들의 마음을 엿볼 수 있는 영어 그림책이에요. 섬세하고 따뜻한 그림체가 더욱더 엄마의 사랑을 느끼게 해주는 듯합니다. 한밤중에 부엉이들에게는 무슨 일이 일어난 걸까요?

세 마리의 아기 부엉이가 엄마와 함께 살고 있었어요. 어느 날 밤, 잠에서 깨어나 보니 엄마가 없지 뭐예요. 부엉이들은 시무룩하게 걱정스러운 얼굴로 엄마가 어디에 가셨을까 생각해 봅니다. 부엉이마다 성격과 생각이 다른 것도 이 책의 묘미에요.

오늘도 육퇴 후 고민하는 당신에게

The baby owls thought 아기 부엉이들은 생각했어요

'I think she's gone hunting,' said Sarah.

'난 엄마가 사냥하러 간 것 같아.' 새라가 말했어요.

'To get us our food!' said Percy.

'우리 먹을 거 주시려고 간 거 같아' 퍼시가 말했어요.

'I want my mummy!' said Bill.' '난 엄마 보고 싶어!' 빌이 말했어요.

엄마는 아기 부엉이들의 마음을 아는지 모르는지, 바로 돌아오질 않아요. 둥지에서 나와 나무에 앉아 빼꼼히 먼 하늘을 바라보며 엄마를 기다리는 아기 부엉이들.

'She'll be back,' said Sarah. '엄마는 곧 오실 거야' 새라가 말했어요.

'Back soon!' said Percy. '금방!' 퍼시가 말했어요.

'I want my mummy!' said Bill. '난 엄마 보고 싶어!' 빌이 말했어요.

빌은 계속 엄마가 보고 싶다는 말만 해요. 귀여운 막내 모습 같아요. 엄마가 길을 잃은 건 아닌지, 여우에게 잡아먹힌 건 아닌지 걱정을 하기 시작하는 아기 부엉이들입니다. 눈을 감고 엄마가 오기만을 기다려요. 그때, 엄마가 하늘에서 재빠르게 내려옵니다. 안도의 마음과 함께 엄마를 외치며 폴짝폴짝 뛰는 천진난만한 아기 부엉이들의 모습이 너무 사랑스러워요! 반면 엄마 부엉이의 한마디가 너무 공감돼서 웃음도 나와요. 엄마의 강한 한마디는 대문자로 쓰여있습니다.

WHAT'S ALL THE FUSS? 왜 호들갑이야?

You knew I'd come back. 엄마 오는 거 알고 있었잖아.

 예쁜아기곰 tip

이야기 속에 나오는 세 마리 아기 부엉이들의 성격은 각각 다릅니다. 우리 아이는 어떤 부엉이와 닮았나요? 밤에 자다가 잠에서 깼을 때, 엄마가 없다면 주인공 중에 누구처럼 말할 것 같은지, 혹은 어떻게 행동할 건지 아이와 함께 이야기 나눠보세요. 영어 그림책을 통해 아이의 생각을 이해하고 공감할 수 있습니다. 여러분도 엄마 부엉이라면 아이에게 어떤 말을 해줄지 생각해 보세요. 내 아이와 내 생각으로 특별한 이야기가 만들어질 수 있습니다.

오늘도 육퇴 후 고민하는 당신에게

가족이란

『The Family Book』

글, 그림 Todd Parr

가족과 함께여서 소중하고 행복했던 시간, 가족이 있었기에 힘이 되었던 시간을 떠올려봅니다. 저마다 가족의 모습은 다르지만 모든 가족에게 공통점이 있어요. 무엇일까요? 가족은 우리에게 어떤 존재인가요? 아이들에게 가족이라는 존재는 어떻게 기억될까요? 작가 Todd Parr(토드 파)이 가족에게 보내는 메시지를 함께 하고 싶어서 이 책을 소개합니다.

To my family - who sometimes did not understand me, but encouraged me to go after everything I wanted even when we did not agree. As I now realize - this takes a lot of love to do. 때로는 나를 이해하지 못했지만, 서로 의견이 맞지 않을 때도 내가 원하는 모든 것을 할 수 있도록 격려해 준 가족에게, 나는 이제 깨달았어요. 이 모든 일은 엄청난 사랑이 필요하다는 걸요.

어떤 일을 할 때 가족과 뜻이 안 맞을 때가 있어요. 가족이라고 다 같은 마음일 수는 없으니까요. 하지만 토드파의 메시지처럼 사랑의 힘은 위대해요. 우리 아이들에게도 든든한 마음의 지원군이 되는 아낌없는 사랑을 주고 싶습니다.

All families are sad when they lose someone they Love.
사랑하는 사람을 잃었을 때, 모든 가족은 슬퍼하지요.
All families like to celebrate special days together!
모든 가족은 특별한 날을 함께 축하하는 것을 좋아해요.
Some families like to be clean. 어떤 가족은 깨끗한 것을 좋아해요.
Some families like to be messy. 어떤 가족은 지저분한 것을 좋아하고요.

 이렇게 가족은 서로 닮은 모습이기도 하고, 전혀 다른 모습이기도
해요. 저마다 다른 가족이지만, 모든 가족은 서로에게 힘이 되어 줍니
다. 육아하다 보면 때로는 아이를 이해할 수 없을 때도 있겠지만, 믿
어주고 더 단단한 아이로 자랄 수 있도록 응원해 주세요. 어느새, 엄
마도 아이의 성장을 통해 더 강해진 모습을 볼 수 있을 거예요.

All families can help each other be STRONG!
모든 가족은 서로서로 더 강해지도록 도와줄 수 있어요.

오늘도 육퇴 후 고민하는 당신에게

🐻 예쁜아기곰 tip

작가 Todd parr는 SNS 활동을 활발히 하는 작가에요. 새로운 책이 나오면 인스타그램에 직접 소개도 하고, 전 세계 아이들에게 영상 편지를 올리기도 해요. 작가의 생활을 엿볼 수 있는 일상 글도 올라와요. 댓글로 소통해 보세요. 영어그림책으로 글로벌하게 작가를 만날 기회랍니다.

인스타그램 @Toddparr

엄마가 세상에서 제일 좋아

『Hooray for Fish』

글, 그림 Lucy Cousins

푸른 바닷속에 방긋 웃고 있는 주인공 아기 물고기와 10배보다 덩치가 큰 물고기가 있어요. 엄청나게 큰 이 물고기는 누구일까요? 책커버를 활짝 펼쳐보세요. 뒤 커버까지요. 우리 아이들이 가장 많이 찾는, 바로 엄마랍니다. 아기 물고기가 엄마에게 뭐라고 말을 하는 것같아요. '엄마, 저 친구들이랑 놀다 올게요.'라고 하는 걸까요? 말풍선을 상상하는 데에 정답은 없어요. 그림책의 묘미지요!

Hello, I am Little Fish swimming in the sea.
안녕, 나는 바다에서 수영하는 아기 물고기에요.
I have lots of fish friends. Come along with me.
나는 물고기 친구가 많아요. 나를 따라와 봐요.

어떤 친구들을 만나게 될까요? 시원한 바닷속으로 풍덩, 아기 물고기와 함께 바닷속 여행을 떠나 보아요.

오늘도 육퇴 후 고민하는 당신에게

How many can you see? 몇 마리가 보이나요?
hairy fish, scary fish, eye fish, shy fish, fly fish, sky fish. Hello,
fat and thin fish.

물고기 친구들 이름을 잘 살펴보면, 모습과 특징을 본떠 지어진 이름이에요. 게다가, 라임을 살린 재미있는 이름이지요. 책에는 이름이 없는 친구들도 있어. 물고기 이름 지어주기 창의 활동은 인기가 많습니다.

But where's the one I love the best, even more than all the rest? 그런데, 내가 그 누구보다 가장 사랑하는 물고기는 어디 있는 거죠?

친구들과 신나게 놀던 아기 물고기가 갑자기 누군가를 찾고 있어요. 그 누구보다 내가 가장 사랑하는 한 사람, 바로 엄마였어요. 엄마와 아기 물고기가 뽀뽀를 하는 사랑스러운 장면이 나옵니다. 엄마 손가락과 아이 손가락을 마주치면서 뽀뽀하듯 'kiss kiss kiss' 말해보세요. 아이들이 놀이터에서 잘 놀다가도 갑자기 두리번거리며 엄마를 찾을 때가 있지요? 늘 곁에서 누구보다 사랑하고, 든든한 버팀목이 될 수 있는 엄마라는 존재. 아이에게 그림책을 통해 따뜻한 엄마의 사랑을 전할 수 있는 책이랍니다.

① 작가 Lucy Cousins(루시 커즌스) 그림책은 알록달록 색감이 화려하고, 검정 테두리가 특징이에요. 아이들이 그림을 그려 색칠하고, 검정 크레파스로 테두리를 완성하면, 루시커즌의 작품처럼 돼요. 나도 작가처럼! 크레파스 활동으로 손쉽게 따라 해보세요.

② 『Hooray for Fish』는 노부영(노래 부르는 영어)입니다. 노래가 있는 영어 그림책은 노래로도 접해주세요. 어깨가 들썩들썩 신나는 노래로 영어가 더 즐거워집니다.

오늘도 육퇴 후 고민하는 당신에게

5. 인생의 행운, 친구

아이들이 친구들과 신나게 뛰노는 모습을 보면 흐뭇한 미소가 지어집니다. 공원 돗자리에 앉아 엄마들끼리 편안한 수다를 떨고 아이들은 뛰노는 평화로운 시간. 반대로 친구 관계로 울고, 유치원에 안 가겠다고 떼라도 쓰면 당황스럽기도 해요. 엄마라면 아이의 교우 관계에 관심이 가고, 좋은 친구를 사귀게 하고 싶은 마음이 있습니다. 아이가 좋은 친구를 사귀고 싶다면, 먼저 좋은 친구가 되어 다가가 보는 건 어떨까요? 어른이 된 지금 내 곁에 있는 좋은 친구들을 떠올려 봅니다. 여러분은 누가 생각나세요? 어려서부터 함께한 죽마고우? 사회에서 만난 새로운 친구? 육아 동지, 아는 언니? 그 누구라도 내 마음을 열고, 시간 가는 줄 모르고 함께 할 수 있다는 것은 인생의 행운인 것 같아요. 때로는 아이가 좋은 친구가 될 수도 있고, 마음의 휴식을 주는 책이 좋은 친구가 될 수도 있지요. 아이들에게 소중한 친구가 생기길 바라면서, 영어 그림책 속의 친구 이야기로 들어가 봅니다.

나도, 나도!

『The Chick and the Duckling』

글 Mirra Ginsburg, 그림 Jose Aruego & Ariane Dewey

따스한 봄날, 들판에서 신나게 나비를 쫓는 두 친구가 있습니다. 노란 병아리와 아기 오리의 모습이 마치 우리 아이들이 친구와 뛰어노는 것 같아요. 유치원에서 아이들을 볼 때면, 아이들 성향이 각각 다른 듯하지만 같은 나이 때의 특징은 비슷하게 나타납니다. 예를 들어, 5세 수업에서 손을 들고 'I'm here.'하고 대답하는 상황에, 한 아이가 일부러 엉뚱하게 발을 들고 대답하면서 장난을 쳐요. 이때, 나머지 아이들은 어떻게 할까요? 대부분 깔깔깔 웃으면서 그 행동이 옳지 않다는 것을 알면서도 따라 해요. 하지만 7세만 되더라도, 그 행동이 잘못된 것이라는 걸 알고 따라 하지 않지요. 친구가 노란색 색연필을 고르면 나도 같은 색을 선택하고 싶어지는 유아 시기의 마음이 고스란히 나타난 친구 이야기, 아이들 반응이 정말 뜨거운 책을 소개합니다.

엄마 닭과 오리가 알을 낳았어요. 비슷하지만, 서로 다른 모습이지요. 부리로 톡톡, 알을 깨고 나오는 병아리와 아기 오리. 오리가 먼저 나오고, 이어서 병아리도 알에서 나와요.

A Duckling came out of the shell. 아기 오리는 껍질 밖으로 나왔어요.
'Me too', said the Chick. '나도' 병아리가 말했어요.
'I am taking a walk.' said the Duckling.
난 산책하는 중이야, 아기 오리가 말했어요.
'Me too', said the Chick. '나도', 병아리가 말했어요.

아기 오리가 하는 모든 행동을 'Me too.' 라고 말하면서 병아리는 따라 해요. 오리가 산책하면 병아리도 졸졸 따라가고, 벌레를 잡으려고 땅을 파면 병아리도 땅파기 놀이를 해요. 나비를 잡고 한참을 뛰어놀던 오리가 이번에는 수영하러 간다고 하네요. 수영을 잘하는 오리는 물속으로 풍덩, 하지만 병아리는 수영을 못하는데요, 그런데도 친구를 따라 할까요? 친구와 같은 놀이를 하며 즐겁게 지내는 모습부터 물에 빠진 병아리를 구해주는 아기 오리를 보면서 아이들은 자연스럽게 우정에 대해 배우게 돼요. 닭과 오리가 알에서 태어나는 과정과 신체의 차이에 대한 과학지식도 알게 됩니다.

 예쁜 아기곰 tip

'Shared Reading'으로 아이와 함께 읽어보세요. Shared Reading 이란 읽기 방법의 하나로 아이와 함께 책 일부분을 나누어 읽어보는 것을 말합니다. 한 문장씩 읽어봐도 좋고, 짧은 문장이나 단어, 반복되는 단어를 아이가 읽어보는 것도 좋습니다. 『The Chick and the Duckling』에

서는 'Me too', said the chick. 이 부분만 아이가 리듬 있게 읽도록 해보세요. 교실 수업에서 많이 사용되고, 엄마표로 진행할 때 아이의 읽기를 편안하게 해줄 수 있습니다. Shared Reading을 하게 되면, 어휘력이 향상되고 무엇보다도 읽기의 자신감이 생깁니다. 유창하게 문장을 읽기 전에 문장 일부를 소리 내어 읽어보는 연습을 하는 단계로 다양한 유형의 텍스트와 문장구조에 익숙해질 수 있지요. 아이 스스로가 영어 읽기를 할 수 있다는 것에 대한 성취감은 영어가 즐겁고 재미있다는 인식으로 확장됩니다.

Reading is Fun!

오늘도 육퇴 후 고민하는 당신에게

미안, 일부러 그런 게 아니야!

『Don't You Dare Dragon!』

글, 그림 Annie Kubler

요리하거나 청소할 때 아이가 도와주겠다고 하다가 오히려 엉망으로 만들어서, '그냥 가만히 두라고! 하지 말라고!' 마음과는 다르게 화가 난 적 있으세요? 아기 용에게 비슷한 상황이 벌어집니다. 친구들과 재미있게 놀고 싶었을 뿐인데 불을 뿜는 아기 용에게는 계속 엉뚱한 일들만 생기네요. 의도치 않게 말썽꾸러기가 된 아기용은 억울하고 속상하기만 합니다. 친구들과 다시 사이좋게 지낼 수 있을까요?

더위를 식히고 싶은 아기용은 룰루랄라 가벼운 발걸음으로 아이스 스케이트장으로 갑니다. 하지만, 스케이트를 타자마자 얼음이 다 녹아 버려요. 함께 스케이트를 타던 친구들은 화를 내고 아기용은 미안하다는 말을 남기고 수영하러 갑니다.

You're a disaster, Dragon! 네가 정말 망쳤어, 드래곤!

You melted all the ice! 얼음을 다 녹였잖아.
I'm sorry! I didn't mean to. 미안해! 그럴 생각은 아니었어.
I'll go swimming instead. 난 대신 수영하러 갈게.

하지만 아기용은 수영장 물도 보글보글 끓게 하고, 아이스크림을 사 먹으러 가서도 친구들의 아이스크림을 모두 녹게 만듭니다. 아기용은 **I'm sorry! I didn't mean to. 미안해! 그럴 생각은 아니었어.** 라는 말을 반복해서 하지요. 상황을 통해서 미안하다는 표현을 자연스럽게 익힐 수 있습니다. 결국, 아기용은 바운스 놀이를 하다가 바운스까지 태워버려 구멍을 내요.

No one wants to play with me! 아무도 나랑 놀고 싶어 하지 않아!
Why is it always my fault? 왜 항상 다 내 잘못인 걸까?

속상해하던 그때, 새로운 친구들이 아기용을 부르네요. 케이크에 촛불을 켜달라고 부탁을 하고 함께 파티도 하자고 합니다. 아기용이 잘할 수 있는 불을 뿜는 일을 해달라는 친구들이에요. 아기용은 무언가 해줄 수 있다는 기쁨에 기분이 좋아져요. 내가 누군가에게 도움이 되고 필요하다고 느낄 때, 자존감이 높아지는 모습을 볼 수 있습니다.

More Books 작가 Annie Kubler의 퍼펫북

오늘도 육퇴 후 고민하는 당신에게

친구한테 배웠어요

『My Friends』

글, 그림 Taro Gomi

친구를 향해 행복한 미소를 띠며 달려가는 한 여자아이가 있습니다. 우리 아이들도 멀리 저편의 친구가 보이면 환한 미소로 달려가기도 해요. 여자아이는 누구를 만나러 가는 길일까요? 친구로부터 배울 수 있다는 스토리를 기반으로 dog, horse, cat, ant 등 친숙한 동물과 jump, run, smell 등 쉬운 동사의 패턴으로 되어있습니다. 새로운 친구를 만날 때마다 달라지는 주인공의 표정을 살펴보세요.

I learned to walk from my friend the cat.
난 내 친구 고양이에게 걷는 것을 배웠어요.
I learned to jump from my friend the dog.
난 내 친구 강아지에게 점프하는 것을 배웠어요.

살금살금 걸어가는 고양이, 울타리를 폴짝 뛰어넘는 강아지, 신나게 달려가는 말, 꼭꼭 숨어있는 토끼, 이리저리 탐험하는 개미, 밤하늘을 바라보는 부엉이 등 각 동물의 특징을 배우는 장면으로 재미있게 그려 냅니다. 이어지는 뒷부분은 **I learned to OOO from my friend OOO.** 문장패턴으로 이야기해요. 같은 문장패턴이지만, 참신한 표현으로 삶을 보여줍니다. **I learned to read from my friends the books.** 난 내 친구 책에게 읽는 것을 배웠어요.

마지막 문장이 정말 매력 있어요. 책을 보고 있는 독자에게 아이가 하는 말이에요. **I learned to love from a friend like you.** 난 너 같은 친구에게 사랑을 배웠어. 우리 아이를 사랑스럽고 가치 있는 좋은 친구로 만들어 주는 『My Friends』랍니다. 마지막 페이지의 오른쪽 빈 곳에 아이 사진을 붙여보는 건 어떨까요?

 예쁜아기곰 tip

책에 나온 문장은 각각의 장점과 특징을 표현한 것이랍니다. 예를 들면, 강아지는 점프를 잘해서 폴짝폴짝 울타리도 뛰어넘을 수 있어요. 그래서 강아지에게 점프를 배우게 된 것이지요. 친구를 떠올리면서 그 친구에겐 어떤 점이 좋고, 닮고 싶은지 이야기 나눠보세요. 더불어 우리 아이의 장점도 말해볼 수 있습니다. 함께 성장하는 어린 시절 친구들과 소중한 시간을 많이 만들어 주세요.

오늘도 육퇴 후 고민하는 당신에게

넌 나의 가장 소중한 친구야
『Little Blue and Little Yellow』
글, 그림 Leo Lionni

파랑과 노랑을 섞으면 무슨 색이 될까요? 유아 시기에 색이 섞여서 다른 색이 되는 모습은 신기한 마술 같아요. 색을 친구와의 우정으로 재미나게 풀어낸 책이에요. 작가 레오리오니가 그림책 작가가 될 수 있게 된 첫 작품으로, 기차여행에서 손주들을 조용히 시키기 위해 즉흥적으로 잡지를 찢어 이야기를 만든 것이 계기가 되어 『Little Blue and Little Yellow』가 탄생했어요.

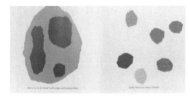 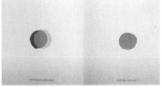

파랑이는 엄마, 아빠와 행복하게 살고 있었어요. 친구도 많았지만, 그중에 단짝 친구는 길 건너에 사는 노랑이였답니다. 하루는 파랑이 엄마가 장을 보러 가면서, 집을 잘 보고 있으라고 해요. 하지만, 파랑이는 그새를 못 참고 노랑이를 찾아갑니다. 엄마 말씀 안 듣는 청개구리 모습이 아이 모습 같아요. 집에 없는 노랑이, 파랑이는 노랑이를 찾아 여기저기 헤매게 됩니다.

But little blue went out to look for little yellow.

하지만 파랑이는 노랑이를 찾아 나갔어요.

Alas! The house across the street was empty.

이런! 길 건너에 있는 집이 비어있네요.

He looked here and there and everywhere.

파랑이는 여기저기, 구석구석을 둘러보았어요.

  그러던 중 파랑이는 노랑이를 만나게 되고 둘은 너무 반가워서 부둥켜안고 좋아합니다. 이런, 서로 안아주다 보니 어느새 색깔이 모두 초록으로 바뀌었어요. 둘은 자신의 색이 바뀐 줄도 모른 채 신나게 놀았습니다. 피곤해진 노랑이와 파랑이는 집으로 가게 되는데요, 어떻게 되었을까요? 엄마와 아빠가 파랑이와 노랑이를 알아보지 못합니다. 둘은 너무 속상해 엉엉 울게 되고, 파랑이와 노랑이는 조각조각 눈물이 되어 나타납니다. 그림이 굉장히 단순해 보이지만 색종이 조각들이 살아 움직이는 듯하며, 스토리 전개와 장면에 맞는 표현들이 감탄하지 않을 수 없습니다. 숨바꼭질, 둥글게 둥글게 등 아이들끼리 무리 지어 노는 모습, 피곤함에 지칠 때까지 친구와 놀고 싶어 하는 아이들의 마음도 잘 엿볼 수 있습니다.

 예쁜아기곰 tip

① 점토나 물감으로 색을 섞어가며 『Little Blue and Little Yellow』의 스토리를 직접 만들어 보세요. 만약, 주인공을 the little red, the little yellow로 바꾸면 어떻게 될까요? 다양한 색을 섞어 나만의 이야기

오늘도 육퇴 후 고민하는 당신에게

도 만들 수 있습니다.

② 우리 아이에게 노랑이와 파랑이처럼 가장 친한 친구는 누구인지, 그 친구랑 무얼 하고 놀 때 행복한지 등 친구에 관한 이야기도 나누어 보세요. 자연스럽게 교우 관계에 대해서도 알 수 있고, 아이의 마음도 들여다볼 수 있습니다.

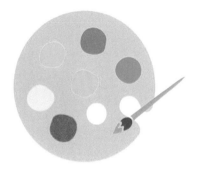

한밤중에 일어난 일

『Madeline』

글, 그림 Ludwig Bemelmans

동생이 아플 때, 혹은 친구가 아파서 조퇴할 때 부러워한 적이 있나요? 주인공과 친구들의 모습이 너무 귀여워 미소가 번지는 책입니다. 매들라인 시리즈 중 첫 작품으로 1940년 칼데콧 아너 상을 받고, 꾸준히 사랑받는 고전 같은 책입니다. 화려하지 않지만 친근하고 편안한 그림 풍으로 파리의 거리를 감상할 수 있어요. 한밤중에 주인공 매들라인과 친구들에게 일어난 일을 함께 볼까요?

파리의 오래된 기숙사에 열두 명의 여자아이와 수녀님이 살고 있습니다. 아이들 모두 노란 옷을 입고 아침부터 잠자리에 들기까지 똑같은 생활 패턴으로 지내지만, 그림을 자세히 보면 생김새와 모습이 조금씩 달라요. 그중 가장 키가 작은 친구가 주인공 매들라인입니다. 키는 좀 작지만, 그 누구보다 씩씩하고 활발한 아이랍니다.

In two straight lines they broke their bread and brushed their teeth and went to bed…. 두 줄로 나란히, 그들은 빵을 부숴 먹고 양치질을 하고 잠자리에 들었어요.

Little Madeline sat in bed, cried and cried; her eyes were red. 작은 매들라인은 침대에 앉아 울고 또 울었지요; 눈이 빨개졌어요.

한밤중에 매들라인은 배가 아파서 엉엉 울고, 기숙사의 친구들도 온통 울음바다가 됩니다. 결국, 구급차를 타고 병원에 가게 되지요.

Madeline woke up two hours later, in a room with flowers. 매들라인은 2시간 후 꽃이 있는 방에서 깨어났어요.

On her bed there was a crank, and a crack on the ceiling had the habit of sometimes looking like a rabbit. 그녀의 침대 위에는 금이 가 있었고, 천장 위의 갈라진 틈은 마치 토끼처럼 보이기도 했어요.

아이가 병원에서 눈을 떴을 때 낯설지만 안정된 상황을 그림과 문장으로 잘 표현하고 있습니다. 천장 위의 금이 간 부분도 아이 눈에는 토끼처럼 보이는 섬세함이 엿보여요. 기숙사의 친구들이 꽃을 사 들고 병문안을 옵니다. 기숙사에서는 볼 수 없었던 장난감을 보고 환호성을 지르는 친구들의 모습, 이곳이 병실인지 놀이터인지 헷갈릴 만큼 아이들은 재미있는 시간을 보내요. 매들라인은 침대 위로 벌떡 올라서서 친구들에게 수술한 자국을 멋진 훈장처럼 보여줘요. 눈이 휘둥그레진 열한 명의 친구들! 그날 밤 기숙사에는 어떤 일이 일어날까요? 책을 꼭 읽어보세요. 천진난만한 아이들의 마음에 미소가 지어지는 책이랍니다.

 예쁜아기곰 tip

책을 더 재미있게 즐기기 위해 영상 매체를 활용해 보세요. 매들라인은 코미디 장르로 개봉된 영화 'MADEKLINE'도 있습니다. 유튜브 채널 'Madeline-WildBrain'에서도 다양한 애니메이션 에피소드를 볼 수 있습니다.

오늘도 육퇴 후 고민하는 당신에게

메이지와 친구들이 함께해요

『Maisy Goes Camping』

글, 그림 Lucy Cousins

영어 그림책에서 루시 커즌 작가의 Maisy(메이지) 시리즈는 빼놓을 수 없지요. 캠핑, 수영, 축구, 박물관, 병원, 도서관, 신나는 휴가 등 실제로 우리 일상생활에서 볼 수 있는 주제들을 A Maisy First Experiences Book (메이지의 첫 경험 책)으로 묶어서 흥미진진하게 풀어냅니다. 호기심 많은 생쥐 Maisy(메이지), 듬직한 코끼리 Eddie(에디), 배려심 많은 다람쥐 Cyril(시릴), 장난꾸러기 악어 Charley(찰리), 유쾌한 병아리 Tallulah(탈룰라). 다섯 친구의 이야기로 펼쳐지는 신나는 그림책 세상, 그중에서 캠핑 이야기를 소개해 볼게요.

예전에는 마음먹어야만 갈 수 있었던 캠핑을 언젠가부터 주말 나들이로 가기도 해요. 원터치 텐트가 인기를 끌고, 글램핑이 생겨나고, 캠핑에서 장작불을 보면서 멍하게 있는 '불멍'이라는 신조어도 생겨났죠. 어느 여름날, 메이지와 친구들도 시골로 캠핑을 가게 됩니다. 각자 가방 안에 어떤 물건을 챙겨왔을까요? 여러분은 무엇을 가지고 가고 싶으세요? 보기만 해도 설레는 캠핑 장면입니다. 도착해서 가장 먼저 할 일은 자리를 잡고 텐트를 설치하는 것인데요, 생각보다 쉽지 않나 봅니다. 하지만 포기할 메이지와 친구들이 아니지요?

It's hard work pitching a tent. 텐트를 치는 건 힘든 일이에요.
That's good, Eddie! 잘했어, 에디!
Well done, Tallulah! 잘했어, 탈룰라!
Oh dear! The tent fell down. 이런! 텐트가 쓰러졌어요.
They tried…and tried… and tried again… until at last the tent stayed up. 그들은 시도하고, 또 시도하고 텐트가 똑바로 설치될 때까지 해봤어요.

서로 응원해 가며 마침내 텐트를 설치하게 돼요. 저녁을 먹고, 캠핑에서 빠질 수 없는 캠프파이어 시간도 갖고요. 별이 쏟아지는 밤하늘의 감성과 따뜻한 우정도 느껴져요. 아쉬움을 뒤로한 채 이제 잠자리에 들 시간이 되었어요. 잠옷으로 갈아입은 모습이 깜찍한 메이지와 친구들, 한 명씩 차례대로 텐트로 들어가요. 텐트 안에 네 명이 모두 들어가고, 마지막으로 코끼리 에디만 남았어요! 과연 덩치가 가장 큰 에디는 텐트 안에 들어갈 수 있을까요? 재미뿐만 아니라 아이들의 배려심과 우정, 문제해결 능력도 함께 자라는 영어 그림책이랍니다.

Then it was Tallulah's turn. 이제 탈룰라의 차례가 되었어요.
Sweet dreams, Tallulah! 잘 자렴, 탈룰라!
Three in the tent! 텐트 안에 세 명!

메이지 시리즈의 특징 중 하나는 주인공이 아닌 제삼자의 입장에서 장면을 표현했다는 것입니다. 책을 소리 내서 읽다 보면, 마치 영상의 내레이션을 말하는 듯한 기분이 듭니다.

 예쁜아기곰 tip

One in the tent! 텐트에 한 명! 하면서 친구들이 차례로 들어가는 장면과 연계하여, 작가 John Butler의 『Ten in the Den』도 읽어주세요.

💡 More Books A Maisy First Experience book

든든한 나의 친구 로봇

『My Friend Robot!』

글 Sunny Scribens, 그림 Hui Skipp

우리 주변에 어떤 로봇이 있을까요? 앞으로 로봇은 우리 일상으로 친숙하게 다가오는 친구 같은 존재입니다. 식당에서 로봇이 서빙하는 모습도 쉽게 볼 수 있어요. 아침마다 어르신들께 안부 인사를 전하는 인공지능 스피커 로봇도 있고요. 시대의 흐름에 맞게 작가도 인간과 로봇의 상호 작용에 대해 생각하며 이 책을 쓰게 되었다고 해요. 색감이 화려하고, 노래가 신나는 베어풋 싱어롱 시리즈입니다. London Bridge의 멜로디로 만들어져 있어, 더 친숙하고 따라 부르기 쉽습니다.

본격적인 스토리로 들어가기 전에, 한 아이가 로봇을 선물 받아 조립하는 장면으로 로봇 친구가 있음을 암시해 줍니다. 아이와 친구들이 함께 집을 지으려고 모였어요. 과연 누가 도움을 줄까요? 여자아이가 당당하게 손을 들고 'My friend, Robot!' 내 친구 로봇! 이라고 말합니다. 든든한 지원군 로봇 친구의 등장으로 아이들은 기뻐하고, 아이도

오늘도 육퇴 후 고민하는 당신에게

어깨가 으쓱하며 로봇 친구를 자랑스러워해요.

Who can help us raise the roof? 누가 지붕 올리는 것을 도와줄 수 있나요?
My Friend Robot…. with a ladder! 내 친구 로봇, 사다리를 가지고요!

'Who can help us…?'패턴이 반복되며 질문을 이어가고, 내 친구 로봇이 도와주게 됩니다. 'with…'패턴과 함께 무엇으로 도와줄 수 있는지 상황에 맞는 도구도 생각해 볼 수 있습니다. 집 짓기가 끝나갈 무렵, 함께 있던 강아지가 울고 있어요. 울고 있는 강아지를 어떻게 도와줘야 하지요? 지금까지 집 짓기를 척척 도와준 로봇의 표정이 심상치가 않습니다. 아이들이 로봇에게 어떻게 해야 하는지 친절하게 알려주고, 로봇이 강아지를 도와주어요.

Pet him in a gentle way. 강아지를 부드럽게 쓰다듬어 주렴.
Tell him it will be okay. 강아지한테 괜찮을 거라고 말해줘.

로봇의 도움 이야기 이외에도 집을 짓는 과정과 협동심도 볼 수 있습니다. 마지막에 강아지를 도와주는 장면에서 물음표를 제시함으로써 친구가 어려움에 부닥쳤을 때 어떻게 하면 좋을지 생각하게 하는 따뜻한 책입니다.

 예쁜아기곰 tip

출판사 Barefoot Books의 노래들은 신나고 멜로디의 중독성 있습니다. 유튜브 공식 채널에서 'If you're happy and you know it', 'Walking through the jungle' 등 노래가 있는 영어 그림책을 풀 영상으로 만나 보세요.

 유튜브 영상 : My Friend Robot 싱어롱 애니메이션

오늘도 육퇴 후 고민하는 당신에게

6. 너의 첫 울음소2I를 기억해

'어느새 이렇게 컸지?' 문득 아이들이 크는 게 아쉽게 느껴질 때가 있습니다. 때로는 육아가 지치고 힘들지만, 그래도 엄마라는 이름을 선물한 꼬마 천사 덕분에 미소 짓는 날들이 더 많지요. 누워서 옹알이하고 방실방실 웃던 갓난아기가 어느새 기어 다니고 아장아장 걸으면서 집 안의 온갖 물건에 관심이 생겨요. 한시도 눈을 뗄 수 없는 시기에요. 엄마는 잠도 부족하고 이 시간이 빨리 지나가면 좋겠다고 생각하기도 해요. 아이는 어느새 종알종알 자기 생각도 말하고, 고집도 세지고, 생떼도 늘어나요. '엄마 사랑해, 아빠 사랑해'라고 꼬물꼬물 편지를 써서 감동을 주더니, 어느 순간 엄마보다는 친구와 함께하는 시간을 더 즐거워해요. '언제 크나!' 싶던 아이가 어느덧 사춘기가 되고, 키도 엄마만큼 커졌어요.

아이만 성장하는 것이 아니라 엄마도 아이를 키우면서 더 많이 배우고 세상을 알게 됩니다. 나 자신이 아닌 누군가를 대가 없는 사랑으로 돌보고, 백지 같은 아이를 멋진 사람으로 성장하도록 애쓴다는 건 정말 위대한 일입니다. 영어 그림책 중에 주인공이 마치 우리 아이가 성장하는 모습 같은 책들이 있어요. 천진난만하고 해맑은 아이들의 모습, 때로는 장난기 가득한 말썽꾸러기, 지친 육아에 위로가 되는 스토리들. 엄마의 특권으로 느낄 수 있는 미묘한 감정의 힐링 시간을 함께해요.

퍼지랑 학교에 같이 갈 거야

『Owen』

글, 그림 Kevin Henkes

어렸을 때 아이들에게는 애착 물건이 있습니다. 우리 집 첫째에게는 빵구라는 이름을 지어준 베개, 둘째에게는 멍멍이라고 불리는 인형이 있었어요. 아기 때부터 물고 빨던 소중한 것이지요. 이게 없으면 잠을 못 자고 울어서, 할머니 댁에 깜빡하고 놓고 오기라도 하면 밤에 다시 찾으러 갈 정도였답니다. 키워보니 이런 애착 물건도 어렸을 때, 한때예요. 지금은 빵구와 멍멍이를 얘기하면 '그때 그랬지!' 하며 본인들도 웃어요. 혹시 우리 아이들에게도 이런 물건이 있다면, 아기 같다고 나무라지 마시고 성장 과정이니 이름도 지어주고 공감해 주세요. 사진도 많이 찍어주시고요. 애착 물건에 대한 영어 그림책, 주인공 Owen(오웬)을 통해 아이들의 마음을 함께 보시죠.

Owen had a fuzzy yellow blanket. He'd had it since he was a baby. He loves it with all his heart. 오웬에게는 포근한 노란 담요가 있었어요. 아기 때부터 함께 지내왔지요. 오웬은 진심으로 담요를 좋아했어요.

그러던 어느 날, 이웃 아주머니가 담요를 들고 다니기엔 다 큰 거 아니냐면서 참견하기 시작해요. 배게 밑에 넣어두면 멋진 선물로 바꿔주는 담요 요정 이야기를 해주기도 하고요. 하지만 오웬은 Fuzzy(퍼지, 담요 이름)랑 떨어지기 싫어서 파자마 바지 안에 넣고 잠을 자기도 합니다. 오웬이 학교 갈 나이가 되니, 부모님도 살짝 걱정되기 시작해요. 둘도 없는 단짝 친구 퍼지와 떨어지기 싫은 오웬, 얼마나 속상할까요. 결국 울면서 생떼를 부리기 시작합니다.

'I have to bring Fuzzy to school,' said Owen.
'퍼지를 학교에 데리고 갈 거야,' 오웬이 말했어요.
'No,' said Owen's mother. 'No,' said Owen's father.
'안돼' 오웬의 엄마가 말했어요. '안돼' 오웬의 아빠가 말했어요.
Owen buried his face in Fuzzy. He started to cry and would not stop.
오웬은 퍼지에 얼굴을 묻고 울기 시작했고, 울음은 그치지 않았어요.

그때, 엄마에게 번뜩 좋은 생각이 났어요! 가위로 싹둑싹둑, 재봉틀로 드르륵드르륵 엄마의 손이 바쁘게 움직여요. 퍼지의 변신, 담요에서 무엇이 되었을까요?

애착 인형, 멍멍이와 찰칵

엄마, 나는 언제 커요?

『Growing Story』

글 Ruth Krauss, 그림 Helen Owenbury

강아지는 1년 정도면 몸이 다 자랍니다. 12개월 동안 쑥쑥 자라서 성견이 돼요. 삐악삐악 병아리가 닭이 되는 데는 얼마나 걸릴까요? 6주 정도면 닭의 모습이 된답니다. 생각보다 짧지요? 『Growing Story』 에서는 아이가 한 뼘 성장하는 모습뿐만 아니라 자연의 변화와 함께 기쁨을 느낄 수 있어요. 유명한 그림작가 Helen Oxenbury(헬렌 옥슨 버리)의 따뜻한 그림 풍으로 사계절의 아름다움을 느껴보세요. 아이의 대화를 가만히 들여다보면 동심의 세계로 빠져들게 됩니다.

농장에 병아리와 강아지와 함께 크는 한 소년이 있었습니다. 따스한 봄이 오자 나무에 꽃봉오리가 피고, 땅에는 파릇파릇 잔디가 자라고, 헛간 주변에는 예쁜 꽃들이 생겨나기 시작해요. 호기심 많은 아이는 농장을 돌보는 엄마를 졸졸 따라다니며 이야기해요.

　　　　　오늘도 육퇴 후 고민하는 당신에게

Everything is growing. The grass is growing. The flowers are growing. The Trees are Growing.
모든 것은 다 자라요. 풀도 자라고, 꽃도 자라고, 나무도 자라고요.
Will the chicks grow? Will the puppy grow? Will I grow too?
병아리도 자라나요? 강아지도 자라나요? 저도 쑥쑥 자라나요?

시간이 흘러 어느덧 계절이 바뀌고, 꽃도 나무도 무성하게 자라고 병아리는 어느새 닭이 되었어요. 엄마는 이제 날이 더워지니, 긴 옷들은 넣어뒀다가 여름이 끝날 무렵 다시 꺼내 입자고 해요. 꽃이 만개한 아름다운 농장과 엄마와 아이, 강아지가 뛰노는 모습이 평화롭기만 합니다.

The chicks have grown taller than my knee. The puppy has grown taller than my middle. I don't look taller.
병아리가 내 무릎보다 더 자랐어요. 강아지는 내 허리보다 더 키가 커졌고요. 난 큰 것 같지 않아요.
He asked her, 'Are you sure I am growing?' 아이가 엄마에게 물었어요, '엄마, 나 정말 크는 거 맞아요?'

하지만, 아이 눈에는 본인만 빼고 모두 쑥쑥 크는 것 같아 걱정이 되나 봐요. 강아지와 병아리를 보면서, 엄마에게 질문을 해요. 어느덧 가을이 되어 바람이 차가워지자, 선반에 올려두었던 옷을 다시 꺼내게 됩니다. 옷을 입어본 아이의 반응은 어떨까요? 거울에 비친 짧아진 소매를 보며 신이 나서 폴짝폴짝 뜁니다. 누워서 낮잠을 자던 강아지도 깜짝 놀라 일어나 흐뭇한 표정으로 바라봐요. 책을 읽는 내내 엄마의 포근한 마음으로 힐링이 되는 것을 느껴보세요.

 예쁜아기곰 tip

① 아이와 함께 성장에 대해 이야기 나눠보세요. 어떤 것들이 있을까요? 자연 관찰 책을 활용해서, 우리에게 친숙한 동물과 식물을 살펴볼 수 있어요. 아이들이 흥미로워하는 애벌레가 나비가 되는 모습, 작은 씨앗이 커다란 꽃이 되는 모습 등 동식물, 자연의 성장을 이야기해 볼 수 있습니다.

② 아이의 아기 때 모습부터 현재 모습까지 사진을 보면서, 이렇게 잘 자라줘서 고맙다고 사랑을 표현해 보는 건 어떨까요?

오늘도 육퇴 후 고민하는 당신에게

믿고 기다려봐

『The Carrot Seed』

글 Ruth Krauss, 그림 Crockett Johnson

'건강하게만 태어나길…' 이런 마음으로 출산을 한 것 같은데, 아이를 키우면서 기대를 하게 되고, 때로는 비교도 하게 되고, 조급한 마음이 들기도 합니다. 특히, 엄마표 영어를 한다면 옆집 아이와 비교하거나 조급한 마음은 절대 금물이지요. 아이마다 영어를 받아들이는 속도가 다르고, 어느 정도 input(인풋)의 양이 차고 넘쳐야 output(결과)이 나오니까요.

부모 대상 세미나 할 때, 자주 보여줬던 예가 있습니다. 불투명한 종이컵과 생수 한 병을 준비해요. 먼저 빈 종이컵에 물을 졸졸 따릅니다. 잠시 멈추고, 이런 질문을 해요. '여기 물을 어디까지 따랐는지 보이시나요?' 대부분 보이지 않는다고, 잘 모르겠다고 대답해요. '그렇다면, 언제 물이 보일까요?' 잠시 생각할 시간을 드립니다. 도대체 언제 물이 보일까요? 우리는 답을 알고 있습니다. 다시 물을 부어봐요. 찰랑찰랑 종이컵을 넘치기 시작하니까 물이 보이기 시작합니다. 많이 부으면 부을수록, 더 빨리 넘쳐서 더 빨리 보이겠지요? 한 가지 더, 컵의 크기는 다양해요. 채워야 할 그릇이 작을 수도 있고, 클 수도 있습니다. 우리 아이의 영어 그릇은 엄마가 정해주는 것이 아닙니다. 아이가 정할 수 있는 것도 아니고요. 자, 이제 조급함을 내려놓을 준비가 되셨나요?

　한 꼬마 아이가 당근 씨앗을 심었습니다. 하지만 엄마, 아빠, 심지어 형까지도 자라지 않을 것 같다고 말해요. 아이는 그 말을 듣고 실망할까요? 아닙니다. 아이는 매일 주변의 잡초를 뽑고, 물을 주었어요. 하지만 아무것도 나오지 않아요. 아이는 아랑곳하지 않고 꾸준히 매일 물을 주고, 잡초를 뽑았습니다.

A little boy planted a carrot seed. But nothing came up.
한 소년이 당근 씨앗을 심었어요. 하지만 아무것도 나오지 않았어요.
Everyone kept saying it wouldn't come up.
모든 사람들이 당근은 나오지 않을 거라고 계속 얘기했어요.
And then, one day, a carrot came up just as the little boy had known it would. 그러던 어느 날, 꼬마 아이가 예상했던 대로 당근은 자라났습니다.

　아이의 성장은 하루아침에 이루어지지 않습니다. 마음의 여유와 함께 잠시 쉬어갈 수 있는 책이랍니다.

내가 이렇게 크다니
『Little Gorilla』

글, 그림 Ruth Bornsein

아이가 태어났을 때, 얼마나 작고 귀여웠는지 기억나시나요? 조심스레 안아보고 자는 모습이 천사 같아서 사진을 찍고, 발바닥에 뽀뽀하기도 하고요. 50일 사진도 찍고, 100일을 기념하며 상도 차리고, 백일떡도 돌리지요. 여기 아기 고릴라도 우리 아이들처럼 그렇게 작고 귀여운 시절이 있었답니다. 정글의 온갖 사랑을 받는 아기 고릴라의 이야기, 함께 들어가 볼까요?

Once there was a little gorilla, and everybody loved him.
옛날에 아기 고릴라가 있었어요, 모든 이들은 아기 고릴라를 사랑했지요.
Even when he was only one day old, everybody loved Little Gorilla.
심지어 태어난 지 하루밖에 안 된 날에도 아기 고릴라를 사랑했어요.

우리 아이가 태어나 축복받을 때처럼 아기 고릴라의 엄마, 아빠, 할머니, 할아버지, 이모, 삼촌들까지 모두 그를 사랑했답니다. 정글의 어디를 가더라도 아기 고릴라는 넘치는 사랑을 받으며 행복했어요. 숲속 친구 원숭이, 앵무새와 함께 놀고, 심지어 무서운 사자까지도 아기 고릴라를 위해서라면 어흥 소리를 내며 놀아주기도 했습니다. 하마는 아기 고릴라가 가고 싶은 곳이라면 어디든지 등에 태워 주기도 했어요.

그러던 어느 날, 작고 귀엽기만 하던 아기 고릴라가 자라고, 자라고 또 자라기 시작했습니다. 나무 뒤에서 빼꼼히 내민 손이 아빠 손인지 아기 고릴라의 손인지 알 수 없을 정도로 말이에요. 아기 고릴라의 모습은 달라졌고, 무슨 마음인지 표정이 좋지 않습니다. '내가 너무 커버려서 더 이상 귀여운 아기가 아니라 이제 나를 좋아하지 않는 걸까?' 이런 생각을 하는 듯한 표정이에요.

And one day, Little Gorilla was BIG!
그러던 어느 날, 아기 고릴라가 커졌어요!

하지만 그때, 가족들과 정글 친구들이 모두 모여 노래를 불러줍니다. 바로 생일 축하 노래에요 아기 고릴라는 몇 살이 된 걸까요? 케이크에 다섯 개의 촛불이 빛나고 있답니다. 앞표지에는 작은 아기 고릴라의 모습이, 뒤표지에는 몸이 커진 아기 고릴라의 모습이 있어요. 덩치는 커졌지만, 미소는 여전히 행복해 보여요. 우리 아이들이 미운 일곱 살이 되고, 사춘기가 와도 마음속에 있는 사랑하는 마음은 변함없다는 걸 한 번 더 얘기해 주는 것 같습니다.

오늘도 육퇴 후 고민하는 당신에게

풍선을 활용해서 Big과 Little을 구분하는 놀이를 해보세요. 풍선을 작게 불어 고릴라 얼굴을 그린 후, 크게 불면 얼굴이 커집니다. 고릴라 얼굴을 자세히 그리지 않더라도, 눈, 코, 입을 그리고 'This is a little gorilla.' 라고 얘기해 주면 됩니다. 수업 시간에도 풍선 활동은 인기가 굉장히 좋아요. 'Bigger! Bigger! 더 크게! 더 크게!' 혹은 책에 나오는 문장으로 'Little Gorilla was big'하고 외칠 때, 선생님이 풍선을 크게 불어주시면 됩니다. 아이와 일대일로 활동할 때는 풍선에 손을 대 보게 해주면, 실제로 풍선이 부풀어 오르는 걸 느끼면서 정말 좋아한답니다. 집에서는 직접 풍선에 그림을 그려 볼 수도 있고, Big-Little 활동 이후에는 풍선을 묶어서 가지고 놀 수도 있어요.

4살 Big-Little 풍선 활동

언제까지나 너를 사랑해

『Love You Forever』

글 Robert Munch, 그림 Sheila McGraw

아이가 네 살 무렵, 이 책을 처음 만났습니다. 장난기 가득한 아이의 표지로 시작했지만, 마지막에는 눈물을 흘린 기억이 납니다. 읽으면서 '맞아, 난 지금 이렇게 힘들어. 어쩜 내 맘 같네' 공감이 되어 고개를 끄덕였지요. 주인공 아이가 사춘기를 맞이하는 모습을 보면서 '저런 날이 올까? 남 일 같지 않구나.' 생각했고요. 아이의 성장 스토리는 여기서 끝이 아니에요. 세월이 흘러 의젓한 성인이 되고, 엄마 곁을 떠나 독립하게 됩니다. 어른이 된 아이, 그리고 이제는 힘없이 늙어버린 엄마의 모습. 부모에게 한없이 받은 따뜻한 사랑을 다시 한번 생각하게 되는, 가족의 소중함을 느끼게 되는 책입니다.

두 살짜리 아이는 온종일 집안을 치워도 치워도 끝도 없게 만들어요. 하지만 밤이 되어 자장자장 재워주면, 곤히 잠드는 천사가 따로 없지요. 이때마다 엄마는 아이에게 노래를 불러줍니다. 사춘기가 오고, 청년이 되었을 때도, 엄마는 밤이 되면 아이의 방문을 살며시 열어 곤

오늘도 육퇴 후 고민하는 당신에게

히 잠든 모습을 보면서 노래를 불러주지요.

I'll love you forever, 너를 사랑해 언제까지나
I'll like you for always, 너를 사랑해 어떤 일이 생겨도
As long as I'm living 내가 살아있는 한
my baby you'll be. 너는 늘 나의 귀여운 아기

  그러던 어느 날, 엄마는 아들에게 전화를 겁니다. You'd better come see me because I'm very old and sick. 엄마가 많이 늙고 병들어서 네가 좀 와줬으면 좋겠구나. 한걸음에 달려온 아들에게 엄마는 늘 불러줬던 노래를 불러주려고 하지요. 하지만, 엄마는 이제 노래를 끝까지 부를 힘조차 없습니다. 그러자 어느새 어른이 되어버린 아들이 엄마를 안고 노래를 불러요.

I'll love you forever, I'll like you for always,
As long as I'm living my Mommy you'll be.

  몇 번을 읽어도 읽을 때마다 새로운 감동을 주는 책이에요. 어느 날, 아이에게 책을 읽어주면서 주르륵 눈물이 흐르며 목소리가 떨리고 가슴 한구석이 뜨거워졌습니다. 아이가 빤히 쳐다보며 물어봐요. '엄마, 왜 울어?' '응…' 언제나 내 편이 되어주는 엄마가 생각났습니다. 따뜻한 위로와 용기 나는 말들, 끝없는 사랑과 믿음으로 지금의 제가 있을 수 있었던 것 같아요. 책을 쓰는 지금도 눈물이 흐르는 건 왜일까요. 감사한 마음과 함께 우리 아이들도 있는 그대로 더 많이 사랑해 줘야 겠다는 생각이 듭니다.

엄마는 말이야

『I Wish You More』

글 Amy Krouse Rosenthal, 그림 Tom Lichtenheld

우리 아이들이 어떤 사람으로 성장하길 바라시나요? 당당한 사람? 배려 깊은 사람? 창의적인 사람? 고난이 닥쳤을 때 지혜롭게 헤쳐 나갈 수 있는 사람? 본인의 삶을 주도적으로 이끄는 사람? 사실, 부모라면 앞서 말한 모든 것들에 어느 것 하나 중요하지 않은 것은 없습니다. 사랑하는 내 아이를 향한 따뜻한 부모의 소망이 담긴 책이에요. 아이에게 다정한 목소리로 엄마의 소원을 말하듯이 읽어주세요. 한 편의 시 같은 기분으로 엄마의 힐링과 아이의 성장이 동시에 느껴집니다.

I wish you more we than me.

나만 생각하기보다는, 함께하는 것을 알기를

I wish you more pause than fast-forward.

빨리 서두르기보다는 멈춰가기를

줄다리기 장면과 함께 짧은 한 문장으로 많은 것이 느껴져요. 더불어 살아가는 사회에서 배려하고, 협력하고, 함께 이루는 성취감을 아는 멋진 사람이 되는 아이의 모습을 그려 봅니다. 아이가 길을 가다가 가만히 무언가를 관찰해요. 바쁜 일상 속에서 삶의 여유를 찾을 수 있는 사람이 되기를, 때로는 잠시 멈춰서 쉬었다 갈 수 있는 삶이 되기를 바라는 마음이에요. 'I wish you more…. than…'문장패턴이 반복으로 어렵지 않으며, 단어 하나하나의 의미보다는 함축된 의미로 부모가 바라는 마음이 전달됩니다. 반대되는 단어들의 간결함 속에서, 부모의 소망이 더욱 느껴지는 책이에요.

ups, downs / give, take / we, me /pause, fast-forward

작가는 이렇게 책을 소개해요.
Some books are about a single wish.
어떤 책은 한 가지 소원에 대해서 이야기를 해요.
Some books are about three wishes.
어떤 책은 세 가지 소원에 대해서 이야기를 하고요.
This book is about endless good wishes.
이 책은 영원한 멋진 소원들에 관한 이야기예요.
What will you wish for? 여러분은 무엇을 바라시나요?

 예쁜아기곰 tip

멋진 어른으로 성장하도록 하기 위해, 어렸을 때 꼭 해줘야 할 것이 무엇일까요? 아이를 떠올리면서 내가 바라는 우리 아이를 위한 소망을 적어보세요. 책 내용을 필사해도 좋습니다. 책 내용을 손글씨로 써서 아이에게 편지를 써보는 건 어떨까요?

7. 특별한 날

특별한 날은 우리 삶을 더욱 풍요롭게 합니다. 평범한 일상에 활력을 주는 그런 날 - 생일, 방학, 휴가, 놀이공원 가는 날, 결혼기념일 - 또 어떤 날들이 있을까요? 여러분에게 달력에 표시하는 특별한 날은 언제인가요? 보통 사람들은 생일을 많이 이야기해요. 아이들에게도 유치원이나 어린이집에서 생일파티를 하는 날은 더할 나위 없이 특별한 날이지요. 단순히 케이크에 촛불을 켜는 날이 아닌, 왜 생일이 특별한지, 그날 무슨 일이 있었는지 아이에게 이야기해 주세요. 호기심 가득한 눈으로 바라볼 거예요. 배 속의 아기가 태어나던 날, 응애 울음소리와 함께 품 안에 안긴 아기의 따스한 온기가 아직도 생생합니다. 각각의 특별한 날에 저마다 다른 스토리가 있을 거예요. 아이와 함께 특별한 날을 더 색다르게 만들어 보세요. 나에게 특별한 날을 선물할 수도 있고요. 그날만큼은 특히 더 기분이 좋은 날, 특별한 날의 추억이 모여서 경험이 되고 삶이 풍요로워지는 여유가 생기지 않을까요?

기다려지는 내 생일

『When is My Birthday?』

글 Julie Fogliano, 그림 Christian Robinson

1년에 단 하루뿐인 가장 소중하고 특별한 날, 생일! 아이들에게 생일은 정말 기다려지는 날입니다. '엄마, 내 생일은 언제예요? 몇 밤 남았어요?'라며 손꼽아 기다리는 아이의 모습을 본 적 있으시죠? 12월이 생일인 친구는 3월 새 학기에 친구들의 생일파티를 보면서 자기 생일이 언제 오나 엄청나게 기다려요. 심지어, 어린 친구들은 자기 생일이 늦게 온다고 속상해하는 귀여운 투정을 부리기도 하지요. 아이들의 생일을 더욱 특별하게 만들어 줄 수 있는 책을 소개할게요. 책의 모양이 길쭉한 직사각형 판형으로 보통 책들과는 달라요. 가늘고 기다란 생일 초가 생각나기도 하고요. 생일을 기다리는 아이들이 자주 하는 질문이 나오면서, 동심의 세계로 빠져들게 되는 책이랍니다.

When is my birthday? 내 생일은 언제예요?

오늘도 육퇴 후 고민하는 당신에게

Where's my birthday? 생일파티는 어디서 해요?
How many days until my birthday? 생일까지 몇 밤 남았어요?

    내 생일은 언제일까? 추운 겨울이 되어야 할까? 무슨 요일일까? 생일을 애타게 기다리는 아이의 마음을 느낄 수 있어요. 생일에 빠질 수 없는 선물도 생각해 봐야겠죠? 어떤 선물을 받고 싶은지 행복한 고민을 해 봐요. 생일에 누구를 초대할지, 파티에는 어떤 음식을 준비할지 생각만 해도 기분이 좋아집니다. 생일 축하 노래처럼 반복되는 문장을 리듬감 있게 읽어보세요.

it's the daytime! 낮이에요!
here's my birthday! 드디어 내 생일이에요!
happy happy! 신나요, 신나!
hee! hee! hee! 히!히!히!
time for cakey 케이크 시간이 되었어요!
wakey wakey 일어나요 일아나!

    내일이 생일이라 잠이 오지 않아요. 기대감에 부풀어 아침이 될 때까지 잠들지 않겠다고 합니다. 한 편의 동시 같은 설렘을 느껴보세요.

진짜 된다고요?

『Yes DAY!』

글 Amy Krouse Rosenthal, 그림 Tom Lichtenheld

이런 날이 있다면, 아이들은 얼마나 좋아할까요? 바로 특별 한 날, 'Yes DAY'입니다. 아이들의 요구가 무엇이든지 대답이 'yes!'가 되는 날! 반대로 엄마에게도 Yes DAY! 가 있으면 어떨까 상상해 봅니다. 아침에 눈을 뜨자마자 달력의 빨간 동그라미를 보며 폴짝폴짝 뛰는 행복한 아이의 모습, 오늘이 바로 그날이에요.

Today is my FAVORITE day of the year!
오늘은 1년 중에 내가 가장 좋아하는 날이에요!
Just watch, you'll see what I mean…
한번 보세요, 무슨 말인지 알게 될 거예요…

아침부터 잠들기 전까지, 오늘 하루 무슨 일이 일어나는지 함께 볼까요? 엄마의 평소 모습이라면 안 된다고 할 질문을 살짝 건네 봅니다.

158 　　　　　　　　　　　　　　오늘도 육퇴 후 고민하는 당신에게

Can I please have pizza for breakfast? 아침으로 피자 먹어도 될까요?
Can I use your hair gel? 엄마 헤어젤 써 봐도 돼요?
Can I pick? 이거 골라도 돼요?

아이가 'Can I ~?'라는 문장으로 조심스레 질문하는 장면의 다음 페이지를 넘겨보세요. 예스 데이에 어떤 일이 일어났는지 볼 수 있어요. 마트에 가면 아이들이 사고 싶은 물건들이 참 많아요. 여러 가지 장난감, 과자, 아이스크림 등 카트 안을 가득 채우고 싶어 하지요. 평소 같았으면, '하나만… 필요한 것만…' 엄마가 안된다고 할 테지만, 예스 데이에는 마음껏 골라봐요. 가득 찬 카트를 보면서 책을 읽는 아이들은 희열을 느낍니다. 어느새 고요한 밤이 되고 예스 데이가 저물어 가요. 잠자리에 들기 전 아이의 마지막 질문이 재치있습니다.

Does this day have to end? 이날이 끝나야만 하나요?

 예쁜아기곰 tip

 영어 그림책 'Yes DAY'를 바탕으로 만들어진 영화가 있습니다. 가족이 함께 짜릿한 모험을 즐기는 'YES DAY'에요. 부모로서 많은 걸 느끼게 되는 영화에요. 전체 관람가로 아이와 함께 시청하실 수 있답니다.

설레는 비행기 여행

『Airport』

글, 그림 Byron Barton

비행기 여행은 매우 특별합니다. 아이들이 특히 좋아하지요. 평소에 자주 경험할 수 없기 때문일까요? 여행의 설렘부터 공학 도착, 비행기 탑승, 그리고 하늘 위로 날아오르는 순간까지 잘 담아낸 책을 소개할게요. 비행기 여행을 계획하고 있다면, 아이와 이 책을 읽어보고 출발하시길 추천해요. 4세~5세만 되더라도, 본인이 경험한 것에 대해 굉장한 반응을 합니다. 어른들도 두근거리는 비행기 여행, 함께 떠나요!

공항버스를 타고 공항에 도착하여 분주하게 짐을 내리는 모습부터 이야기는 시작됩니다. 강아지를 데리고 가는 아주머니도 보이고요. 아이와 함께하는 가족여행, 비즈니스 출장 등 그림을 보는 깨알 재미들이 있어요. 마치 함께 여행을 가는 기분입니다. 티켓팅을 하고 나면 창밖의 커다란 비행기를 보며 기다려요. 탑승 시간을 기다리면서 사진도 찍고, 안내방송에 귀 기울이며 곧 있으면 비행기를 탈 마음에 긴장

오늘도 육퇴 후 고민하는 당신에게

이 되기도 해요. 드디어, 차례대로 비행기에 탑승합니다. 책을 쫙 펼쳐서 양쪽 면으로 한 장면이 보여 더 생생하게 느껴지는 비행기 여행입니다. 엄마 아빠와 좌석을 찾아가는 꼬마 아이의 모습이 신나 보여요. 이 가족은 공항버스 장면부터 대기실, 탑승 장면까지 계속 나와요. 책을 보면서 가족을 찾아보세요. 머리 위 짐칸에 모자를 넣는 아저씨의 모습, 승객에게 도움을 주는 승무원의 모습 등 비행기 여행에서 볼 수 있는 장면들을 살펴보세요. 승객들이 탑승하는 동안 이륙 준비를 하는 비행기 조종실, 날씨를 알려주는 관제탑의 모습도 볼 수 있습니다.

The big plane starts rolling slowly to the runway.
커다란 비행기는 활주로로 천천히 바퀴를 구르기 시작합니다.

 예쁜아기곰 tip

① 다양한 탈것에 관해 이야기 나눠보세요. 땅, 하늘, 바다로 구분하여 탈것을 분류해 봅니다.

② 비행기를 여행과 자연스레 연결하여 세계 여러 나라 중 가고 싶은 곳도 살펴보아요.

More Books 작가 Byron Barton 탈것에 관한 책

멈추지 않았으면 좋겠어

『Up and Down on the Merry-Go-Round』

글 Bill Martin Jr., 그림 Ted Rand & John Archambault

아무리 바빠도 아이와 함께 한 번쯤은 놀이공원에 가요. 주말에 놀이공원에 가기로 약속했다면, 아이는 그날이 오기만을 기다려요. 놀이공원에 갈 때면, 어른들도 괜히 동심으로 돌아가는 기분이지요. 설렘과 기대감으로 도착한 놀이공원에는 어떤 풍경이 펼쳐질까요? 놀이공원에 가기 전에 가볍게 읽어도 좋고, 다녀와서 경험과 연결 지어 읽을 책을 소개합니다.

매표소에서 표를 끊고 입장하는 순간, 신나는 세상이 열려요. 피에로 아저씨가 풍선을 나눠주며 반겨주네요. 빨리 들어가자고 아빠의 손을 잡아당기는 아이의 모습도 미소 짓게 해요. 어렸을 때 놀이공원에 가면 반드시 타는 놀이 기구가 있어요. 바로 회전목마입니다. 아이가 어릴 때는 어른과 같이 타지만, 다섯 살만 되더라도 씩씩하게 혼자 타기도 해요. 아이 키보다 몇 배는 큰 회전목마에 혼자 올라타고 음악과 함께 빙글빙글 돌기 시작합니다.

Everyone riding, 모두 타고 있어요 everyone riding 모두 타고 있어요
up and down 위로 아래로 around and around. 빙글빙글 돌아요

위로 아래로 올라갔다 내려갔다 하면서 빙글빙글 도는 회전목마, 바람에 몸을 맡기면서 손잡이를 꼭 잡고 타는 아이들의 표정이 너무나 행복해 보입니다. 회전목마 앞에서 엄마, 아빠가 기다리고 있어요. 서로 눈이 마주칠 때면 반가워서 손을 흔들어요. 이런! 아빠가 아이의 팝콘을 몰래 먹다가 아이에게 들켰어요. 현실 아빠같이 느껴지는 재미있는 장면입니다. 너무 아쉽게도 천천히 멈춰만 가는 회전목마, 아이는 커서 회전목마를 멈추지 않게 하는 광대가 되겠다며 아쉬운 마음을 달래봅니다.

When I grow up, I'll be the clown who never stops the merry go-round…
내가 어른이 되면, 난 회전목마를 절대 멈추지 않게 하는 광대가 될 거예요.

기다림도 행복한 일곱 살의 놀이공원

영원히 함께 하고 싶어

『The Rabbits' Wedding』

글, 그림 Garth Williams

아이들이 결혼에 대해 질문한 적 있나요? 아이와 함께 누군가의 결혼식에 가게 된다면 특별한 경험을 하는 날이 될 것입니다. 결혼식에 가는 날이면 평소와는 다소 다른 모습으로 외출해요. 말끔하게 차려입고 화장하고 아이에게도 예쁜 옷을 입히지요. 신랑, 신부를 축하해 주러 가는 발걸음이 덩달아 행복해요. 친한 지인이나 가족이라면 더 특별하게 느껴져요. 아이들에게 사랑하는 사람과의 행복한 만남, 결혼식에 대해서 자연스럽게 알려줄 수 있는 아름다운 책을 만나보아요.

넓은 숲속에, 하얀 토끼와 까만 토끼가 살고 있었습니다. 둘은 매일같이 시간 가는 줄 모르고 사이좋게 놀았어요. 그러던 어느 날, 까만 토끼가 슬퍼 보이는 게 아니겠어요?

What's the matter? 무슨 일이야?
Oh, I'm just thinking. 어, 그냥 생각 좀 하느라고.

　　　　　오늘도 육퇴 후 고민하는 당신에게

신나게 놀다가도, 갑자기 까만 토끼는 슬픈 표정을 지었어요. 그때마다 하얀 토끼는 무슨 일이냐고 물었지만, 같은 대답만 돌아올 뿐이었습니다. 한 번은 하얀 토끼가 더 이상 참을 수 없다는 듯 되물었어요.

What are you always thinking about? 매번 뭘 그렇게 생각하는데?
I'm just thinking about my wish. 내 소원에 대해 생각해.
What is your wish? 네 소원이 뭔데?
I just wish that I could be with you forever and always.
난 단지 너와 영원히 그리고 늘 함께 있기를 바랄 뿐이야.

슬퍼 보였던 까만 토끼의 소원은 무엇이었을까요? 바로 하얀 토끼와 평생을, 영원히 함께하고 싶었던 것이에요. 갑작스럽게 프러포즈가 된 상황, 하얀 토끼의 놀란 눈이 너무 귀여워요. 서로의 사랑을 확인하고 'Forever and always 영원히, 늘 너와 함께'를 외치며 두 손을 꼭 잡은 두 마리의 토끼랍니다. 둘은 노란 민들레를 장식하고 결혼식을 올려요. 토끼 친구들도 두 토끼의 행복을 축하해 주며 주변을 에워싸고 춤을 춥니다. 숲속의 다른 동물들도 이 모습을 보고 밤새 축하해 주지요.

오늘도 육퇴 후 고민하는 당신에게

8. 집이 있어 다행이야

　나도 모르게 마음이 편안해지는 공간이 있습니다. 예를 들어, 여행을 다녀와서 '집에 제일 편하다!'라고, 느껴보신 적 있으신가요? 분명 여행은 너무 신나고 좋았지만, 막상 집에 도착해 짐을 내려놓은 순간 느껴지는 편안함과 익숙함. 혹은 일상의 분주한 아침으로 아이를 등원시키고 혼자만의 조용하고 편안한 휴식 시간. 워킹맘이라면 출근 후 따뜻한 커피 한 잔이 여유를 줄 때도 있고요. 어느 장소든 나만을 위한 공간이 있다는 것은 힐링이 돼요. 그곳에서 차를 한잔 마실 수도 있고, 책을 읽거나 음악을 들을 수도 있는 마음의 휴식이 되는 공간이지요. 하루를 마무리하고 나에게 편안함을 주는 따뜻하고 포근한 힐링 장소, 여러분에게는 어디인가요? 오늘도 그곳에서 여유로운 마음을 가질 수 있기를 바랍니다. 아이들이 신나게 놀다가 지루해지면 하는 말, '엄마, 집에 갈래.' 편안한 안식처가 되는 집, 공간에 대한 그림책을 만나보아요.

어디에 집을 지을까?

『A House for Zebra』

글 George Adams, 그림 Atsuko Morozumi

이 책은 개인적으로 좋아해서 아이에게 많이 읽어줬던 책이에요. 책 한 권에 재미있는 스토리가 두 가지나 들어있어요. 주인공의 표정이 장면에 맞게 직관적으로 표현되어 있어서, 아이들이 그림으로 내용을 이해하기 쉽고요. 문장도 짧고 쉬워서 부담 없이 읽을 수 있고, 역할 놀이도 할 수 있답니다.

첫 번째는 새집을 짓는 얼룩말의 이야기 『A House for Zebra』입니다. 경치가 아름다운 언덕에 집을 지었는데, 그만 바람이 너무 많이 불어서 지붕이 날아가고 말아요. 얼룩말은 집을 지을 새로운 장소를 찾아 떠나지요. 바닷가, 사막, 정글… 가는 곳마다 예상치 못한 일들이 일어나요. 바닷가에 집을 지었을 때는요? 집 안에 바닷물이 들어와 물고기들이 첨벙첨벙 놀러 오기도 해요. 도대체 어디에 집을 지어야 할까요? 아이와 함께 이야기 나눠보세요.

오늘도 육퇴 후 고민하는 당신에게

Where can I build my new house? 새로운 집을 어디에 지어야 하지? 'Now I can live anywhere,' he said. '이제 어디든지 갈 수 있어', 얼룩말은 말했어요.

그때, 얼룩말은 번뜩이는 아이디어가 생각나요. 바로 집에 바퀴를 다는 것이에요! 너무 기발하지 않나요? 집을 옮길 때마다 얼룩말이 꼭 챙기는 예쁜 화분이 있어요. 장면마다 화분을 찾아보는 것도 놓치지 마세요.

두 번째는 호기심 많은 아기곰의 이야기 『Can I Play Outside?』입니다. 돼지처럼 진흙에서 놀고 싶기도 하고, 엄마처럼 운전도 해보고 싶은 아기곰이 있습니다. 엄마 곰은 다 안 된다고 하지요.

Well, what can I do? 그럼, 내가 할 수 있는 건 뭔데요!?

아이들처럼 질문하는 귀여운 아기곰이에요. 아기곰은 결국 무엇을 하게 될까요? 자전거도 타고, 책도 읽고, 마지막에는 포근한 엄마 품에 안겨 잠이 든답니다.

예쁜아기곰 tip

아이가 스스로 할 수 있는 것에 대해 충분히 응원해 주고, 기회를 주세요. 혼자 할 수 있다는 성취감은 자존감과 직결되고, 다른 학습결과에도 영향을 줍니다. 'I can' 내가 할 수 있는 것이 무엇이 있을지 생각해 보고 마인드맵으로 표현해 봐요. 글로 써도 좋고, 그림으로 그려봐도 좋아요.

오늘도 육퇴 후 고민하는 당신에게

 나에겐 집이야

『A House Is a House for Me』

글 Mary Ann Hoberman, 그림 Betty Fraser

세상 만물에 집이 있다면 어떤 모습일까요? 모든 동, 식물뿐만 아니라 사물까지도 기발한 아이디어로 집을 표현하고 있습니다. 생각지도 못한 공간들로 그림책만의 매력에 빠지게 돼요. 오래된 듯한 느낌의 잔잔한 그림들로 책을 보는 내내 마음이 편안해져요.

A hive is a house for a bee. 벌통은 벌집.
A hole is a house for a mole or a mouse. 구멍은 두더지나 생쥐 집.
And a house is a house for me! 그리고 이 집은 나를 위한 집이에요!

거미 집, 새 둥지, 돼지우리, 닭장 등 흔히 볼 수 있는 집으로부터 이야기는 시작됩니다. 그렇다면, 장갑은요? 손의 집이 되고요, 스타킹은요? 무릎의 집이 되지요.

The more that I think about houses, The more things for things. 집에 대해 생각하면 할수록 더 많은 물건이 집이 돼요.

책을 읽다 보면 꼬리에 꼬리를 무는 생각으로 더 많은 상상을 하게 됩니다. 그냥 지나쳤던 사물을 보는 시야가 넓어져요. 집이라는 개념이 누군가 혹은 무엇인가에 따뜻하고 포근함을 줄 수 있는 공간이라는 것을 다시 한번 생각하게 됩니다. 특히, 이 장면이 정말 신선합니다. 여자아이가 예쁜 옷을 입고 케이크 앞에서 소곤소곤 귓속 말하는 장면이요. 아마도 생일날 소원을 말하는 것 같아요.

My head is a house for a secret, A secret I never will tell.
내 머리는 비밀의 집이에요, 내가 절대 말하지 않는 비밀.

우리는 모두 각자의 공간에 살고 있고, 사는 곳마다 이름이 다르지만, 이 모든 것은 '집'이라는 공통점이 있어요. 동물, 식물, 곤충, 사람 등 모든 생명체가 어우러져 한자리에 모인 장면으로 이야기는 끝이 납니다.

And the earth is a house for us all. 지구는 우리 모두에게 집이랍니다.

오늘도 육퇴 후 고민하는 당신에게

책을 읽을 때마다 새롭게 보이는 그림이 생길 거예요. 한 번에 모든 것을 보려고 하지 말고, 천천히 생각하면서 읽어보세요. 처음에는 아이들에게 집은 어떤 존재인지 이야기 나눠보고, 나중에는 마지막 문장처럼 모두의 소중한 집이 되는 지구를 위해 무엇을 하면 좋을지도 생각해 보세요. 책에 나온 사물들 이외에 어떤 것들이 있을지 문장을 만들어 보아요. 'A OOO is a house for OOO.'

어느 작은 집 이야기

『The Little House』

글, 그림 Virginia Lee Burtion

1943년 칼데콧상을 받고 꾸준히 사랑받는 '작은 집 이야기' 입니다. 작은 집을 의인화하여, 집의 관점에서 이야기가 전개돼요. 아름다운 사계절의 모습과 산업화로 급격히 변하는 주변 환경을 보면서 우리가 잃어버린 소중한 가치를 생각하게 되는 책이랍니다. 그림이 너무 아름다워서 몇 번이고 다시 넘겨보게 됩니다. 정겨운 시골 풍경을 느낄 수 있고, 도시의 편리함에 익숙해진 현대인에게 잠시나마 삶의 여유를 느낄 수 있게 해주어요.

Once upon a time there was a Little House way out in the country. 옛날에 어느 시골 마을에 작은 집이 있었습니다.

작은 집은 봄, 여름, 가을, 겨울 계절이 변할 때마다 온몸으로 세상을 보고, 느끼며 행복했어요. 봄이면 따사로운 햇살을 맞으며 초록 새

오늘도 육퇴 후 고민하는 당신에게

싹을 바라보고, 예쁜 꽃이 피어나는 사과나무와 개울가에서 노는 아이들의 모습도 지켜봤지요. 하지만 해가 지날수록 사람들은 도시로 떠났고, 멀리 보이는 도심 속 불빛은 밤이 되어도 점점 더 빛이 났어요. 항상 같은 자리에 있는 작은 집은 도시는 어떤 곳일까 궁금해졌습니다. 그러던 어느 날, 도로가 생기고 점점 더 많은 집과 학교, 건물들이 들어서고 작은집 주변은 매우 복잡해졌어요. 더 이상 평화로운 시골 풍경은 찾아볼 수 없었습니다. 머지않아 작은집 위로 전철이 지나가고, 먼지와 매연으로 가득 찬 공기와 소음으로 작은 집은 괴로웠습니다. 이제 사계절이 와도 다를 바가 없었지요.

Everyone seemed to be very busy and everyone seemed to be in a hurry. 모든 사람은 바빠 보였고, 서두르는 것 같았어요.

그 누구도 작은 집을 바라볼 여유가 없어요. 어느새 익숙해져 버린 바쁘게 돌아가는 도시 생활, 높은 빌딩과 심한 소음, 매연이 당연하게 느껴지는 우리의 삶을 보는 듯해요. 영어 그림책, 작은집 이야기를 통해 잠시나마 시골 여행의 기분을 느껴보세요. 이야기의 마지막에는 작은 집이 다시 시골로 갈 수 있게 된답니다.

 예쁜아기곰 tip

그림 읽기를 충분히 하면서 자연의 아름다움과 도시 생활을 느껴보세요. 산업화되며 발전해 가는 모습을 자연스럽게 볼 수 있습니다. 커버의 안쪽 페이지(면지)에서 교통수단 발달 과정도 살펴보세요.

집을 찾 떠나는 여행

『Home』

글, 그림 Carson Ellis

작가 칼슨 앨리스의 그림은 보기만 해도 빠져드는 묘한 매력이 있습니다. 표지의 스물한 개의 다양한 집이 눈길을 끌어요. 각기 다른 집을 보면서 누가 살고 있을지, 어디에 이 집이 있을지, 살고 싶은 집은 어떤 집인지 등 아이와 다양한 이야기를 나누어 볼 수 있어요. 첫 장을 넘기면, 둥지를 벗어난 한 마리 새가 나를 따라오라고 날갯짓하는 듯합니다. 함께 가볼까요?

하늘 높이 날아오른 새가 가장 먼저 도착한 곳은 시골집이에요. 넓은 들판에 우뚝 선 집 한 채, 굴뚝에 연기가 피어오르고 말이 자유롭게 뛰노는 아늑한 풍경이에요. 이 집에는 누가 살까요? 새는 세계 곳곳을 여행하며 집을 소개합니다. 도시의 아파트, 바다 위의 보트, 궁전, 그리고 일본, 프랑스, 러시아, 케냐 등 세계 여러 나라의 집을 보여줘요. 현실에서 볼 수 있는 집에 대한 모습부터, 동화 속에 나오는 상상

오늘도 육퇴 후 고민하는 당신에게

의 나라까지 경험할 수 있어요. 때로는 신발이 집이 되기도 하지요. 집마다 사는 주인공들의 다채롭고 개성 있는 모습과 생활환경을 엿볼 수 있답니다.

But whose home is this? And what about this?
그런데, 이곳은 누구의 집일까요? 이곳은요?
Who in the world live here? And why?
여기에는 누가 살까요? 왜 그렇게 생각해요?

작가의 질문에 정답은 없습니다. 아이와 이야기 나눌 수 있는 행복한 시간이에요. 작업실에서 그림을 그리고 있는 작가의 뒷모습으로 이야기는 마무리됩니다. 집을 소개하고 독자와 소통하는 듯해요. 처음 나왔던 시골 장면이 바로 작가의 집이었다는 사실, 눈치채셨을까요?

This is my home and this is me. 이곳이 나의 집이고, 바로 저랍니다.
Where is your home? 여러분의 집은 어디에 있나요?
Where are you? 여러분은 어디에 있나요?

예쁜아기곰 tip

작가의 질문에 대한 답을 그림으로 표현해 보세요. 집에 대해 느끼는 감정과 특징들을 생각할 수 있는 시간이 될 거예요. 아이들이 어떤 색감으로 집을 나타낼지도 궁금해요. 살고 싶은 집을 떠올리며, 자유롭게 그려보는 것도 좋습니다.

9. 그건 마음이었구나

　　살다 보면 때로는 두렵지만 씩씩한 척 또는 괜찮은 척, 내면의 소리를 피하기도 합니다. 어른들은 아이들보다 자신의 감정을 속이고 표현을 안 하기도 하지요. '나'보다는 남을 배려하고 타인의 시선이 더 중요한 환경 속에서 자란 어른들에게는 감정 표현이 쉽지 않을 수 있어요. 하지만, 시대가 변하고 아이들이 살아가는 세상은 또 달라요. 이런 키워드가 있습니다. '나의 마음 알기, 감정 읽기, 공감' 영어 그림책을 통해 마음을 들여다봐요. 상황에 따라 기분을 알고 표현한다는 건 굉장한 일이랍니다. 육아하다 보면 때로는 아이의 마음이 헤아려지지 않을 때도 있어요. 심지어 내 감정 조차도요. 아이의 마음을 잘 파악하고 이해해 줄 수 있는 특별한 방법이 있을까요? 먼저 내 마음을 잘 알아야 상대는 마음의 여유가 생겨요. 영어 그림책으로 상황을 이해하고 감정을 알고 표현하는 연습을 함께 해볼까요?

 기분을 말해봐

『How Do You Feel?』

글, 그림 Anthony Brown

우리 아이들의 모습 같은 주인공이 있습니다. 감정이란 단순히 표현되는 것이 아니라, 어떠한 상황 속에서 생겨난다는 것을 알 수 있어요. 페이지마다 그림으로 먼저 살펴보면서 어떤 상황인지 이야기해 보고, 이럴 때 기분이 어떨지 유추해 보세요. 비슷한 경험은 있었는지 아이와 대화하면서 아이의 마음을 느껴볼 수 있는 책이에요. 주인공의 표정과 행동, 그림의 배경을 자세히 관찰해보세요.

 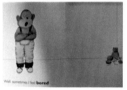

Sometimes I feel very happy and sometimes I feel sad.
때로는 아주 행복하고, 때로는 슬프기도 해요.
Well, sometimes I feel bored... 음, 가끔 지루하기도 해요.

행복할 때와 슬플 때의 표정과 동작, 그림 배경을 비교해 볼까요? 행복할 때는 반달눈이 되고 입꼬리가 올라가는 미소가 지어지고, 두 팔 높이 하늘을 향해 점프하는 모습이에요. 슬픈 장면에서는 어두운

오늘도 육퇴 후 고민하는 당신에게

창밖에 비가 오고 있어요. 옆에 놓인 꽃 한 송이조차도 고개를 숙이고 있네요. 걱정 한가득한 얼굴을 스스로 쓰다듬고 있는 주인공의 모습. 멜빵바지 주머니를 보세요. 주머니의 바느질 모양도 기쁨과 슬픔의 상반되는 기분처럼 다르게 그려져 있답니다. 지루함을 표현하는 페이지는 팔짱을 끼고 하품을 하는 모습으로 흑백으로 되어있어요. 한쪽 구석에 곰 인형, 공 등 여러 가지 장난감이 놓여있는데도 주인공은 심심하다고 하지요. 놀 거리가 많이 있어도 때로는 심심하다고 하는 아이들의 모습 같습니다.

예쁜아기곰 tip

감정을 정확하게 알고 표현하는 것은 정말 중요해요. 초등 2-1 국어 교과서에는 『How do you feel?』의 번역본 『기분을 말해봐요』가 수록되어 있어요. 영어 원문으로 읽으면서 다양한 감정을 배워보고, 주인공 가면을 만들어 써보고. 상황에 맞게 기분을 말해보는 활동을 해보아요.

주인공 가면놀이

색깔이 감정을 만나요

『Colour Me Happy!』

글 Shen Roddie, 그림 Ben Cort

환한 햇살이 따사롭게 비추며, 두근두근 마음도 설레는 기분 좋은 날을 상상해 보세요. red, green, yellow, gray, black… 어떤 색이 떠오르세요? 예기치 못한 일에 당황스럽고, 화가 날 때는요? 감정에는 저마다 독특한 색깔이 있습니다. 주인공 고양이에게 일상이 모험처럼 느껴지는 상황이 벌어져요. 우리 아이들처럼 애착 인형을 꼭 안고 다니는 주인공 고양이에요. 매 순간 느껴지는 감정과 알록달록 색을 연결하여 표현한 책입니다. 감정과 색깔을 함께 만나는 모험을 떠나 볼까요?

When I'm sunny, colour me yellow. 내가 기분이 좋을 때, 노란색을 칠해요.

When I'm OOO, Colour me OO.' 의 반복되는 문장 패턴으로 리듬감

있고 쉽게 읽을 수 있어요. 표지의 무지개와 페이지마다 핵심이 되는 부분이 반짝이로 되어있고 질감이 달라요. 아이들이 매우 좋아하고, 그림에 더욱 집중해서 책을 읽을 수 있답니다. 눈이 오면 눈사람을 만드는 재미가 있긴 하지만, 햇살에 녹아내리는 눈사람의 모습을 보면 속상하기만 해요. 그런 마음을 파란색과 연결하여 표현했습니다. 주인공 고양이의 애착 인형 곰돌이와 펭귄도 함께 슬퍼하네요. 영어로 우울하고 속상하다는 표현을 I'm blue.라고 해요. 파란색과 연결되지요.

 예쁜아기곰 tip

나만의 책 만들기를 해보세요. 하얀 도화지 위에 책에서 나온 문장을 써놓고, 알맞은 상황을 그려서 나만의 작품을 만들 수 있어요. 혹은 사진을 붙이고, 책에 나온 문장을 써보는 것도 좋습니다. 책에 나온 문장을 쓸 때는 아이가 쓸 수 있는 만큼만 적고, 엄마가 도와주세요. 문장 시작의 W만 아이가 적어도 괜찮아요.

내 머리 위의 먹구름
『The Cloud』
글, 그림 Hannah Cumming

괜히 짜증이 난 적이 있나요? 마음먹은 대로 되지 않을 때도 있고, 잘해보려고 노력해도 어떻게 해야 할지 막막할 때도 있어요. 그런 감정은 어른뿐만 아니라 아이들에게도 마찬가지랍니다. 표현이 서툰 아이들의 모습이 심통과 짜증으로만 보일 뿐이지요. 속상한 기분이 행동을 더욱 서툴게 하기도 해요. 여기, 머리 위에 먹구름이 가득한 한 여자아이가 있습니다. 뭔가 뜻대로 되지 않는 것 같아요. 무슨 일일까요?

미술 시간이에요. 친구들은 즐겁게 그림을 그리고 있는데, 빈 도화지만 바라보며 시작을 망설이는 여자아이가 있습니다. 그때, 어떤 다정한 친구가 다가와 말을 걸어와요. 하지만 아이의 머리 위 먹구름은 점점 더 커지기만 합니다. 친구는 포기하지 않고 그림을 그려서 끊임없이 소통을 시도해 보지요. 결국, 친구의 도움으로 함께 빈 도화지를 채워 나가고, 여자아이의 먹구름은 점점 작아집니다. 그뿐만이 아니에요. 이미 그림을 다 그렸던 다른 친구들도 하나둘씩 모이기 시작해요. 함께 그림을 그리면 더 재미있을 것 같다는 생각을 한 것일까요?

Before long, everyone was drawing together.
얼마 지나지 않아, 모두 함께 그림을 그리고 있었어요.
And the cloud was gone. Well, sort of!
그리고 구름이 사라졌어요. 음, 거의 그렇다고 할 수 있지요.

아이들이 옹기종기 모여 커다란 종이 위에 다 함께 그림을 그리고, 아이의 환한 미소와 교실에 전시되는 그림들로 이야기는 끝이 납니다.

 예쁜아기곰 tip

아이가 짜증 낼 때, 그만하라고 다그치기보다 이렇게 먼저 공감해 주세요. '어, 우리 OO이 머리 위에 먹구름이 왔네, 무슨 일이지?' 먹구름은 커졌다 작아졌다 하다가 결국엔 언제 그랬냐는 듯이 없어질 거랍니다.

자전거, 타고 말 거야

『Everyone Can Learn to Ride a Bicycle』

글, 그림 Raschka, Christopher

　전문가들은 아이의 자존감은 만 2세부터 발달하기 시작해서 만 8세부터 형성된다고 합니다. 자존감 형성에는 그 무엇보다 격려하고 칭찬하는 부모의 역할이 중요하다고 끊임없이 이야기해요. 자존감이 높은 아이는 무엇이 다를까요? 어렵고 힘든 일이 닥쳤을 때 잘 이겨내는 회복 탄력성이 높아요. 자존감이 낮은 아이는 스트레스에 취약하고, 상황에 대한 유연성이 낮아요. 부모의 격려와 응원이 어떤 영향을 미치는지 울림이 있는 책이 있습니다. 아이들에게는 두발자전거 도전으로 공감대가 있는 재미있는 책이고요. 과연, 아이는 보조 바퀴를 떼고 자전거를 탈 수 있을까요?

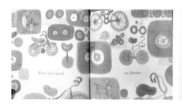

First you need to choose the perfect bike for you.
먼저, 여러분은 여러분에게 꼭 맞는 자전거를 선택해야 해요.

마음에 드는 자전거 고르기부터 이야기는 시작돼요. 수많은 자전거 중에서 아이가 고른 귀여운 네발자전거, 아이의 선택을 응원해 주고 지지해 주는 것부터 자존감은 높아져요. 아빠는 다른 사람들이 자전거를 어떻게 타는지 먼저 보여주고, 아이에게도 자전거 타는 법을 차근차근 알려줍니다. 네발자전거로 연습을 마치고 드디어 보조 바퀴를 떼는 순간이 왔어요!

Now we take them off. 이제 보조 바퀴를 뗄 거란다.
That's a bit scary, but try it in the grass. 조금 무섭지만, 잔디밭에서 해보자.

아이의 마음을 읽어주는 아빠! 보조 바퀴를 떼고 나서 어떻게 되었을까요? 기적이 일어나 한 번에 마구 달려나갔을까요? 아이는 넘어지고, 또 넘어져요. 아빠의 격려를 받으며 용기를 내어 계속해서 연습하지요. 결국, 쌩쌩 두발자전거를 타게 된답니다.

You are riding a bicycle! 자전거를 타는구나!
And now you'll never forget how.
이제 자전거 타는 법을 잊지 못할 거란다.

엄마, 보고 싶어요

『When I Miss You』

글 Cornela Maude Spelman, 그림 Kathy Parkinson

아이가 유치원에 처음 등원하던 날이 생생합니다. 이런 감정이 얼마 만이었을까요? 모든 게 처음인 엄마라서 어린아이처럼 서툴고, 긴장되긴 마찬가지였어요. 아이는 씩씩하게 잘 다녀오겠다고 고사리 같은 손을 흔들며 인사를 했지요. 터지려는 눈물을 애써 참고 뒤돌아 걸어 들어가던 모습이 어찌나 대견하던지요. 요즘은 분리불안이 엄마한테 있다는 우스갯소리가 있을 만큼 어른들이 더 걱정이 많아요. 아이가 낯선 환경에 적응할 때, 부모님과 잠시 떨어져 있을 때 어떻게 하면 좋을까요?

When I miss you, I know you'll be back!
보고 싶을 때, 난 엄마가 돌아올 거라는 걸 알아요.

　오늘도 육퇴 후 고민하는 당신에게

엄마로서 해줄 수 있는 현실적인 조언들, 아이 스스로 할 수 있는 간단한 방법을 이야기를 통해 만나보세요. 주인공 아이는 좋아하는 인형이나 담요를 꼭 껴안거나 나만의 책을 보기도 해요. 처음에는 늘 함께 있던 엄마와 떨어져 있으면 불안함을 느끼는 게 당연합니다. 유치원 생활이 익숙하다가도 문득 생각나는 게 엄마인걸요. 잠시 떨어져 있는 시간이 지나고 다시 만날 거라는 확신이 있으면 아이는 안심이 된답니다. 아이가 유치원 등원을 힘들어할 때, 평소에 좋아하는 곰 인형을 가방에 넣어 보냈어요. 엄마가 보고 싶을 때, 친구와 무슨 일이 생겼을 때 의지하는 친구가 되어 주었지요. 학기 초에 한동안 곰 인형을 데리고 유치원을 다녔던 기억이 나요.

☼ More Books The way I feel books 시리즈 7종

 가면 쓰고 말해볼까?

『Glad Monster, Sad Monster』

글 Miranda, 그림 Anne

역할극을 통해 다른 사람이 되어 마음을 표현하거나 공감해 본 적이 있나요? 이 책은 몬스터 이야기를 통해 다양한 감정을 느껴보고, 가면 놀이를 하면서 마음을 표현해 볼 수 있어요. Yellow, Red, Pink, Blue, Orange, Green, Purple 일곱 가지 색깔의 몬스터 가면이 들어있어 상황에 몰입해서 읽어볼 수 있어요.

Opening birthday presents, playing ball make me glad. 생일 선물을 열어볼 때, 공을 가지고 놀 때 기분이 좋아요. …, losing my big blue balloon, and having it rain on parade day make me sad. 파란 풍선이 하늘로 날아갈 때, 퍼레이드하는 날에 비가 올 때는 슬프지요.

뜯어서 활동할 수 있는 가면 놀이로 아이의 감정을 읽어봐요. 아끼

오늘도 육퇴 후 고민하는 당신에게

지 말고, 뜯어서 놀아주세요. 몬스터 가면에는 아이와 대화할 수 있는 짧고 유용한 문장들로 질문이 있습니다. 같은 내용의 질문도 다양한 표현으로 익힐 수 있어요.

Pretend to be a sad blue monster. 슬픈 파란 몬스터처럼 해봐요.
Have you ever been sad, too? 슬펐던 적이 있나요?
Can you act like the orange monster?
오렌지 몬스터처럼 해볼 수 있어요?
What worries you? 뭐가 걱정이에요?
Put on the pink monster mask. 핑크 몬스터 가면을 써봐요.
Tell what makes you feel loving.
무엇이 여러분을 사랑하게 만드는지 말해봐요.

 예쁜아기곰 tip

종이컵과 색종이로 입체적인 몬스터 만들기를 해요. 종이컵 바닥이 얼굴이 되어 표정을 나타내요. 종이컵 둘레는 기분에 알맞은 색깔의 색종이를 입혀주세요.

오늘도 육퇴 후 고민하는 당신에게

영어 그림책 힐링 육아

THE END